Vector and Matrix

이공계 학생을 위한

# 벡터와 행렬

이석종 지음

KYOWOO

# 머리말

알파고(AlphaGo)가 프로 바둑 기사를 누르고, 왓슨(Watson)이 전문의와 협업으로 암 진단을 하는 등 인공지능은 현대 사회 전반에 걸쳐 제4차 산업혁명을 일으키고 있다.

이와 같은 인공지능의 실현은 컴퓨터과학의 발전과 더불어 현장에서 수집된 방대한 데이터의 처리와 분석이 있어야 가능하다. 전 국민의 신용카드 지출 내역과 같은 경제 활동에 관련된 데이터나 산업현장에서 얻어지는 데이터 등의 빅데이터(Big Data)를 제대로 표현할 수 있어야 수집과 분석, 그리고 예측이 가능하다. 이런 대용량 데이터를 효과적으로 표현하는 가장 간단한 방법이 행렬을 이용한 데이터 표현이다.

행렬은 여러 가지의 수리 정보를 하나의 기호를 사용하여 간단히 다룰 수 있다는 특성 때문에 수학, 통계학, 사회학, 물리학, 공학 등 많은 분야에서 사용되고 있다. 특히 행렬을 사용하면 연립방정식과 선형변환 등을 간단히 나타낼 수 있기 때문에 이론적으로도 매우 중요한 개념이다.

그러나 문과와 이과 통합 교육을 위해 수차례에 걸쳐 진행된 고교 교육과정의 변경으로 인해 최근의 대학 신입생들은 벡터와 행렬 등에 관련된 기본 학습이 제대로 이루어지지 않은 채로 대학에 입학하는 경향이 있다. 대학 교양수학이나 미적분학만을 이수하고 전공에 들어갈 경우, 벡터와 행렬에 대한 기본적인 지식이 없어 자연계열이나 공학계열의 전공에서 사용되는 여러 가지 수학적 개념을 이해하기가 어려운 실정이다.

이와 같은 문제점을 해결하기 위한 교재로써 이 책을 저술하였다. 복잡하고 난해한 선형대수학의 이론적인 내용은 제외하면서 벡터와 행렬의 기본적 개념과 원리를 익힐 수 있도록 하였으며, 이런 개념이 어떻게 활용되는지 보여주기 위하여 각 분야의 활용 예와 설명을 많이 수록하였다.

1장에서는 행렬의 기본적인 개념을 다루었고, 2장에서는 행렬식과 역행렬의 계산법을, 3장에서는 선형시스템의 해법에 사용되는 역행렬, 가우스 소거법, 크래머의 법칙 등을 다루었다. 4장에서는 평면과 공간의 벡터에 대해 다룸으로서 5장에서 추상적인 벡터의 개념을 이해하는데 도움이 되도록 하였다. 6장에서 선형변환이 행렬로 표현된다는 사실을 알아보았으며, 7장은 고유값과 고유벡터에 대하여 다루었으며 고유벡터의 개념을 직관적으로 이해할 수 있는 예제를 많이 수록하였다. 8장에서는 영상인식 분야에서 사용되는 고유벡터의 활용 이론과 예제를 통해 벡터와 행렬의 이론이 공학에서 어떻게 활용되는지 느껴볼 수 있도록 하였다. 각 장의 끝에 연습문제를 넣어 학생들이 배운 내용을 숙지하도록 하였으며, 해답을 부록으로 수록하여 자신의 계산이 맞았는지 확인할 수 있도록 하였다. 정리의 증명 중 너무 복잡한 내용들은 연습문제로 할당하여 관심 있는 학생만 참고하도록 하였다.

이 책은 대학 1 ~ 2학년 학생을 대상으로 주당 2시간 정도의 교양수학, 산업수학 등의 강의 교재로 사용하거나 미적분학의 보충 교재로 사용할 수 있도록 구성하였다.

이 책을 통해 학생들이 벡터와 행렬에 대한 기본적인 지식을 습득하고, 나아가 제4차 산업혁명의 저변에 흐르는 수학 이론을 조금이라도 이해하게 된다면 저자로서 더 이상의 바람이 없을 것이다.

이 석 종

# 차 례

# Chapter 1

# 행렬

행렬은 하나의 기호를 사용하여 여러 가지의 수리 정보를 간단히 다룰 수 있다는 특성 때문에 수학, 통계학, 사회학, 물리학, 공학 등 많은 분야에서 응용되고 있다. 빅데이터 공학에서 나타나는 자료나 엑셀 자료와 같은 테이블 데이터(table data)는 본질적으로 모두 행렬이다. 행렬의 기본 개념과 연산을 이해해야 이런 종류의 데이터를 수집하거나 가공 또는 분석을 할 수 있다. 또한, 행렬을 사용하면 선형 방정식과 선형변환 등을 간단히 나타낼 수 있기 때문에 이론적으로도 매우 중요한 개념이다.

이 장에서는 행렬의 기본 개념과 연산에 대해 알아보기로 하자.

## 1.1 행렬의 정의와 기본 연산

문자나 수들이 직사각형 모양의 배열을 이루고 있을 때 이를 행렬(matrix)이라 한다. 즉, $m \times n$개의 문자나 수 $a_{ij}$ $(i = 1, 2, \ldots, m;\ j = 1, 2, \ldots, n)$를 세로로 $m$개, 가로로 $n$개씩 배열한

$$A = \begin{pmatrix} a_{11} & a_{12} & \cdots & a_{1n} \\ a_{21} & a_{22} & \cdots & a_{2n} \\ \vdots & \vdots & \vdots & \vdots \\ a_{m1} & a_{m2} & \cdots & a_{mn} \end{pmatrix}$$

을 $m \times n$ 행렬이라 하고, $m \times n$을 행렬의 크기(size of a matrix)라 한다. 또한 $m \times n$ 행렬 전체의 집합을 $M_{m\times n}$으로 나타낸다. 즉,

$$M_{m\times n} = \{\, A \mid A\text{는 } m \times n\text{행렬} \,\}$$

을 의미한다. 특히 $m = n$인 경우, 즉 $n \times n$행렬을 정사각행렬(square matrix)이라고 한다. 또한 앞서 언급한 행렬 $A$를 간단히 $A = (a_{ij})$와 같이 나타내고, 행렬의 크기를 같이 나타내려는 경우에는 $A = (a_{ij}) \in M_{m\times n}$과 같이 표현한다.

행렬에서 가로줄을 행(row), 세로줄을 열(column)이라 한다. 행렬 $A$에서 위로부터 $i$번째의 행을 $A$의 $i$번째 행이라 하고, 왼쪽으로부터 $j$번째의 열을 $j$번째 열이라 한다. 일반적으로 행렬을 $A$, $B$, $C$ 등을 써서 나타낸다.

즉, $i = 1, 2, \cdots, m$에 대해

$$A_i = \begin{pmatrix} a_{i1} & a_{i2} & \cdots & a_{in} \end{pmatrix}$$

가 행렬 $A$의 $i$번째 행이 되고, $j = 1, 2, \cdots, n$에 대해

$$A^j = \begin{pmatrix} a_{1j} \\ a_{2j} \\ \vdots \\ a_{mj} \end{pmatrix}$$

가 행렬 $A$의 $j$번째 열이 된다. 그리고 $A_i (i = 1, 2, \cdots, m)$들을 행벡터(row vector), $A^j (j = 1, 2, \cdots, n)$들을 열벡터(column vector)라 한다.[1] [2]

행벡터와 열벡터들을 모아 원래 행렬을 다음과 같이 표기하기도 한다.

$$A = \begin{pmatrix} A_1 \\ A_2 \\ \vdots \\ A_m \end{pmatrix} = \begin{pmatrix} A^1 & A^2 & \cdots & A^n \end{pmatrix}.$$

$i$번째 행과 $j$번째 열이 만나는 자리의 수 $a_{ij}$를 $A$의 $ij$번째 성분(component)이라 하고

$$A = \begin{pmatrix} a_{ij} \end{pmatrix}, \quad 1 \le i \le m, 1 \le j \le n$$

으로 나타낸다. $i$번째 행, $j$번째 열, $ij$번째 성분을 간단히 $i$행, $j$열, $ij$ 성분이라고도 한다.

**예 1.1** 행렬 $A = \begin{pmatrix} 1 & 2 & 3 \\ 4 & 5 & 6 \end{pmatrix}$은 $2 \times 3$ 행렬이다. 이 행렬의 행벡터는 2개이며

$$\begin{pmatrix} 1 & 2 & 3 \end{pmatrix}, \quad \begin{pmatrix} 4 & 5 & 6 \end{pmatrix}$$

---

[1] $1 \times n$ 행렬을 행벡터로, $n \times 1$ 행렬을 열벡터로 부르기도 한다.

[2] 상황에 따라 $\mathbf{R}^n$의 벡터 $(a_1, \cdots, a_n)$을 열벡터로 바꾸어서 $\begin{pmatrix} a_1 \\ \vdots \\ a_n \end{pmatrix}$이라 표기한다.

이고, 열벡터는 3개이며

$$\begin{pmatrix} 1 \\ 4 \end{pmatrix}, \quad \begin{pmatrix} 2 \\ 5 \end{pmatrix}, \quad \begin{pmatrix} 3 \\ 6 \end{pmatrix}$$

등이다.

---

**정 의 1.2** 두 행렬 $A = \left(a_{ij}\right)$와 $B = \left(b_{ij}\right)$의 크기가 같고 모든 $i, j$에 대하여 $a_{ij} = b_{ij}$일 때, 두 행렬이 같다(equal)고 하며 $A = B$로 나타낸다. 행렬 $A$와 $B$가 서로 같지 않을 때 $A \neq B$로 나타낸다.

---

**예 1.3** $\begin{pmatrix} 0 & 2 & 6 & 1 \\ 2 & 2 & 4 & 9 \end{pmatrix} = \begin{pmatrix} a & b & c & d \\ e & f & g & h \end{pmatrix}$이면
$a = 0, b = 2, c = 6, d = 1, e = 2, f = 2, g = 4, h = 9$이다.

---

**정 의 1.4**

(1) 두 개의 $m \times n$ 행렬 $A = \left(a_{ij}\right)$와 $B = \left(b_{ij}\right)$의 합(sum)은 $ij$성분이 $a_{ij} + b_{ij}$인 행렬을 말하고 $A + B$로 나타낸다. 즉,

$$A + B = \left(a_{ij}\right) + \left(b_{ij}\right) = \left(a_{ij} + b_{ij}\right).$$

(2) $\alpha \in \mathbf{R}$에 대하여 행렬 $A$의 스칼라곱(scalar multiplication)은 $ij$성분이 $\alpha a_{ij}$인 행렬을 말하고 $\alpha A$로 나타낸다. 즉,

$$\alpha A = \alpha \left(a_{ij}\right) = \left(\alpha a_{ij}\right).$$

---

행렬의 모든 성분이 0인 행렬을 영행렬(zero matrix)이라 하고 $O$로 나타낸다. $O$가 특히 $m \times n$ 행렬임을 나타낼 필요가 있을 때는 $O_{m\times n}$이라 쓴다. 또 $n$차 정사각행렬인 영행렬은 $O_n$이라 쓴다.

또한, $(-1)A$인 행렬을 $-A$로 나타낸다.

**예 1.5** $\begin{pmatrix}0\end{pmatrix}$, $\begin{pmatrix}0 & 0\end{pmatrix}$, $\begin{pmatrix}0\\0\end{pmatrix}$, $\begin{pmatrix}0 & 0\\0 & 0\end{pmatrix}$, $\begin{pmatrix}0 & 0 & 0\\0 & 0 & 0\end{pmatrix}$, $\begin{pmatrix}0 & 0 & 0\end{pmatrix}$ 등은 모두 영행렬이다.

**예제 1.6** $A = \begin{pmatrix}1 & -1 & 0\\2 & 1 & 3\end{pmatrix}$, $B = \begin{pmatrix}2 & 3 & -1\\1 & -1 & 2\end{pmatrix}$에 대하여

$A+B$, $2A$, $-B$을 구하여라.

【풀이】 $A+B = \begin{pmatrix}1 & -1 & 0\\2 & 1 & 3\end{pmatrix} + \begin{pmatrix}2 & 3 & -1\\1 & -1 & 2\end{pmatrix} = \begin{pmatrix}3 & 2 & -1\\3 & 0 & 5\end{pmatrix}$,

$$2A = \begin{pmatrix}2 & -2 & 0\\4 & 2 & 6\end{pmatrix}, \quad -B = \begin{pmatrix}-2 & -3 & 1\\-1 & 1 & -2\end{pmatrix}.$$ □

**정리 1.7** $A$, $B$, $C$가 임의의 $m \times n$행렬이고, $\alpha$, $\beta$가 실수일 때 다음 관계식이 성립한다.

(1) $A + B = B + A$

(2) $(A + B) + C = A + (B + C)$

(3) $A + O = O + A = A$

(4) $A + (-A) = (-A) + A = O$

(5) $\alpha(A + B) = \alpha A + \alpha B$

(6) $(\alpha+\beta)A = \alpha A + \beta A$

(7) $(\alpha\beta)A = \alpha(\beta A)$

(8) $1A = A$

【증명】 $A = \left(a_{ij}\right), B = \left(b_{ij}\right), C = \left(c_{ij}\right) \in M_{m\times n}$에 대하여

(2)
$$\begin{aligned}[A+B]+C &= \left[\left(a_{ij}\right)+\left(b_{ij}\right)\right]+\left(c_{ij}\right) = \left(a_{ij}+b_{ij}\right)+\left(c_{ij}\right) \\ &= \left([a_{ij}+b_{ij}]+c_{ij}\right) = \left(a_{ij}+[b_{ij}+c_{ij}]\right) \\ &= \left(a_{ij}\right)+\left(b_{ij}+c_{ij}\right) = \left(a_{ij}\right)+\left[\left(b_{ij}\right)+\left(c_{ij}\right)\right] \\ &= A+[B+C].\end{aligned}$$

(5)
$$\begin{aligned}(\alpha\beta)A &= (\alpha\beta)\left(a_{ij}\right) = \left([\alpha\beta]a_{ij}\right) = \left(\alpha[\beta a_{ij}]\right) \\ &= \alpha\left(\beta a_{ij}\right) = \alpha(\beta A).\end{aligned}$$

(7)
$$\begin{aligned}\alpha(A+B) &= \alpha\left[\left(a_{ij}\right)+\left(b_{ij}\right)\right] = \alpha\left(a_{ij}+b_{ij}\right) = \left(\alpha a_{ij}+\alpha b_{ij}\right) \\ &= \left(\alpha a_{ij}\right)+\left(\alpha b_{ij}\right) = \alpha\left(a_{ij}\right)+\alpha\left(b_{ij}\right) = \alpha A+\alpha B.\end{aligned}$$

나머지 경우에 대해서는 각자 해보자. □

**예 제** **1.8** 어떤 패스트푸드 음식점에서는 햄버거, 프렌치프라이, 음료를 결합한 세트 메뉴를 취급한다. 그런데 고객의 취향에 따라 아래 $A, B, C, D$의 4가지 형태의 선택이 있다.

| | 햄버거 | 프렌치프라이 | 음료 |
|---|---|---|---|
| $A$ 세트 | 햄버거1개 | 프렌치프라이$R(100g)$ | 음료$R(276cc)$ |
| $B$ 세트 | 햄버거1개 | 프렌치프라이$R(100g)$ | 음료$L(540cc)$ |
| $C$ 세트 | 햄버거1개 | 프렌치프라이$L(160g)$ | 음료$R(276cc)$ |
| $D$ 세트 | 햄버거1개 | 프렌치프라이$L(160g)$ | 음료$L(540cc)$ |

(1) 어떤 단체 손님이 $A$ 세트 10개, $B$ 세트 5개, $C$ 세트 15개, $D$ 세트 10개를 주문했다고 하면 주방에서는 얼마의 음식 재료를 준비해야 할까?

(2) 만일 주문 중 $A$ 세트를 주문한 인원수를 $D$ 세트로 변경하면 얼마의 재료가 더 필요한가?

(3) 만일 오늘 하루 동안 $A$ 세트 85개, $B$ 세트 25개, $C$ 세트 53개, $D$ 세트 108개를 판매하였다면 재고를 채워 넣기 위해 본사에 얼마의 재료를 주문해야 하는가?

【풀이】 $A, B, C, D$ 세트의 메뉴에 필요한 음식 재료를 행렬로 나타내면 다음과 같다.

$$A = \begin{pmatrix} 1 \\ 100 \\ 276 \end{pmatrix}, \quad B = \begin{pmatrix} 1 \\ 100 \\ 540 \end{pmatrix}, \quad C = \begin{pmatrix} 1 \\ 160 \\ 276 \end{pmatrix}, \quad D = \begin{pmatrix} 1 \\ 160 \\ 540 \end{pmatrix}$$

(1) 주방에서 필요한 음식 재료의 양은

$$10A + 5B + 15C + 10D = \begin{pmatrix} 40 \\ 5500 \\ 15000 \end{pmatrix}$$

즉, 햄버거 재료 40개, 프렌치프라이 5500g, 음료수 15000cc를 준비해야 한다.

(2) $A$ 세트를 주문한 인원수를 $D$ 세트로 변경할 경우 추가로 필요한 음식 재료의 양은

$$-10A + 10D = \begin{pmatrix} 0 \\ 600 \\ 2640 \end{pmatrix}$$

(3) 오늘 소모한 만큼 재고를 채워야 하므로

$$85A + 25B + 53C + 108D = \begin{pmatrix} 271 \\ 36760 \\ 109908 \end{pmatrix}$$

즉, 햄버거 재료 271개분, 프렌치프라이 36760g, 음료수 109908cc를 주문해야 한다. □

**예 1.9** 주민등록번호는 각 개인에게 부여된 13자리로 이루어진 숫자들인데, 이를 13개의 성분으로 이루어진 행벡터나 열벡터로 생각할 수 있다.

**예 1.10** 국제적으로 통용되는 서적의 ISBN 바코드는 13자리로 이루어진 숫자들인데, 이를 13개의 성분으로 이루어진 행벡터나 열벡터로 생각할 수 있다(그림 1.1).

그림 1.1: ISBN 바코드

**예 1.11** 흑백사진은 검정색인 0부터 흰색인 255까지의 명암 단계를 사용해서 표현하므로, 한 개의 화소(pixel)는 한 개의 숫자에 대응된다. 세로 200개, 가로 150개의 화소로 이루어진 흑백 증명사진들이 있다면, 각 사진을 $200 \times 150$의 행렬로 생각할 수 있다. 또한 상황에 따라 각 성분을 한 줄로 배열하여 $200 \times 150 = 30000$개의 성분을 갖는 행벡터나 열벡터로 생각할 수도 있다.

**예 1.12** 행렬은 그래프론에서도 활용된다. 어떤 점 $a$에서 $b$로 연결이 있을 경우 1로, 없을 경우 0으로 나타내는데 이런 행렬을 인접행렬(adjacency matrix)이라 한다. 일반적으로 $n$개의 점에 대한 연결그래프를 인접행렬로 나타내면 $n \times n$ 행렬이 된다. 예를 들어, 그림 1.2의 연결그래프를 인접행렬로 나타내면 다음과 같다.

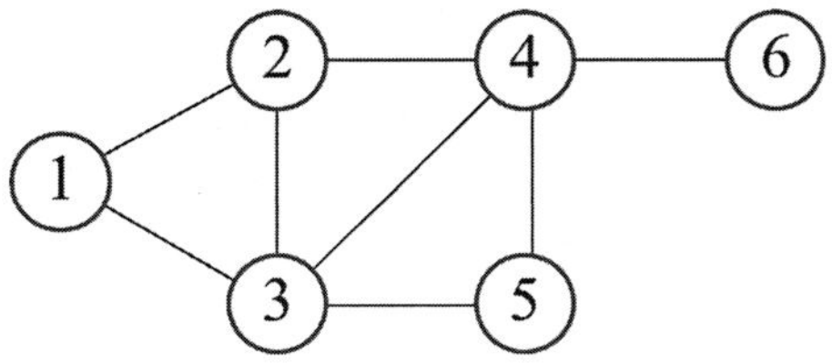

그림 1.2: 연결그래프

$$
\begin{array}{c}
\\ 1 \\ 2 \\ 3 \\ 4 \\ 5 \\ 6
\end{array}
\begin{array}{c}
\begin{array}{cccccc} 1 & 2 & 3 & 4 & 5 & 6 \end{array} \\
\begin{pmatrix}
0 & 1 & 1 & 0 & 0 & 0 \\
1 & 0 & 1 & 1 & 0 & 0 \\
1 & 1 & 0 & 1 & 1 & 0 \\
0 & 1 & 1 & 0 & 1 & 1 \\
0 & 0 & 1 & 1 & 0 & 0 \\
0 & 0 & 0 & 1 & 0 & 0
\end{pmatrix}
\end{array}
$$

그림 1.3: 인접행렬

인접행렬의 개념을 확장하면 최단거리 경로, 통신 네트워크의 효율적 연결 등과 같은 다양한 분야에 응용할 수 있다.

**예 제** **1.13** 다음 인접행렬이 나타내는 연결그래프를 그려라.

$$\begin{array}{c} \\ 1 \\ 2 \\ 3 \\ 4 \\ 5 \end{array} \begin{array}{c} \begin{array}{ccccc} 1 & 2 & 3 & 4 & 5 \end{array} \\ \begin{pmatrix} 0 & 0 & 1 & 0 & 1 \\ 0 & 0 & 1 & 1 & 0 \\ 1 & 1 & 0 & 1 & 1 \\ 0 & 1 & 1 & 0 & 1 \\ 1 & 0 & 1 & 1 & 0 \end{pmatrix} \end{array}$$

【풀이】 생략. □

**예 1.14** 넷플릭스는 가입자의 취향에 맞는 영화를 정확히 찾아내서 추천하는 것으로 유명하다. 이 영화 추천 시스템은 가입자들이 자기가 감상한 영화에 대해 1에서 5까지의 별점을 부여한 데이터를 분석하여 제작되었다. 이런 데이터는 행렬로 표시되는데, 세로로 가입자를 배열하고 가로로 영화 제목을 배열하며, 각 성분은 별점의 숫자를 배열하면 된다. 감상하지 않은 영화의 경우 0으로 별점을 부여한다. 예를 들어, 가입자가 48만 명이고 보유하고 있는 영화가 18000 개라면, 480000×18000 크기의 행렬이 하나 구성된다. 이 행렬을 분석하여 영화 추천 시스템을 제작한 것이다.

$$\begin{array}{cc} & \overbrace{\quad\quad\quad\quad\quad\quad\quad}^{\text{영화 제목}} \\ & \begin{array}{cccccc} A & B & C & D & E & \cdots \end{array} \\ \text{가입자} \begin{array}{c} 1 \\ 2 \\ 3 \\ 4 \\ 5 \\ \vdots \end{array} & \begin{pmatrix} 2 & 5 & 1 & 2 & 5 & \cdots \\ 3 & 1 & 4 & 3 & 0 & \cdots \\ 3 & 0 & 3 & 4 & 5 & \cdots \\ 4 & 1 & 3 & 5 & 5 & \cdots \\ 1 & 5 & 4 & 4 & 0 & \cdots \\ \cdot & \cdot & \cdot & \cdot & \cdot & \cdots \end{pmatrix} \end{array}$$

그림 1.4: 영화 평점 행렬

## 1.2 행렬의 곱

행렬에는 합과 스칼라곱 이외에 또 하나의 연산을 다음과 같이 생각할 수 있다.

---

**정 의 1.15** 행렬 $A = \left(a_{ij}\right) \in M_{m\times n}$, $B = \left(b_{ij}\right) \in M_{n\times r}$의 곱(product) $AB$는

$$c_{ij} = \sum_{k=1}^{n} a_{ik}b_{kj} = a_{i1}b_{1j} + a_{i2}b_{2j} + \cdots + a_{in}b_{nj}$$

를 $ij$성분으로 갖는 행렬을 말한다.

---

$A$의 열의 수와 $B$의 행의 수가 다를 때는 $AB$는 정의되지 않는다. 또, $AB$는 정의되지만 $BA$가 정의되지 않을 수도 있으며, $AB$와 $BA$가 모두 정의되어도 다를 수가 있다.

$n \times n$행렬 전체의 집합 $M_{n\times n}$의 모든 원소에 대하여 곱이 가능하다. 정사각행렬 $A \in M_{n\times n}$의 거듭제곱 $AA$, $AAA$, $\cdots$ 등은 $A^2$, $A^3$, $\cdots$ 으로 간단히 나타낸다.[3]

$A$를 행벡터 $A_1, \cdots, A_m$, $B$를 열벡터 $B^1, \cdots, B^r$로 나타내면 $A_i$와 $B^j$의 곱이

$$A_iB^j = \begin{pmatrix} a_{i1} & a_{i2} & \cdots & a_{in} \end{pmatrix} \begin{pmatrix} b_{1j} \\ b_{2j} \\ \vdots \\ b_{nj} \end{pmatrix} = c_{ij}$$

[3]행렬 $A$의 열벡터의 경우도 $A^1, A^2, \ldots, A^n$ 으로 나타내지만, 이 경우에는 항상 열벡터라는 언급을 하므로 거듭제곱과 구분을 하기 바란다.

이므로 다음과 같은 표현을 할 수 있다.

$$
\begin{aligned}
AB &= \begin{pmatrix} A_1 \\ A_2 \\ \vdots \\ A_m \end{pmatrix} \begin{pmatrix} B^1 & B^2 & \cdots & B^r \end{pmatrix} \\
&= \begin{pmatrix} A_1B^1 & A_1B^2 & \cdots & A_1B^r \\ A_2B^1 & A_2B^2 & \cdots & A_2B^r \\ \vdots & \vdots & \ddots & \vdots \\ A_mB^1 & A_mB^2 & \cdots & A_mB^r \end{pmatrix} \\
&= \begin{pmatrix} AB^1 & AB^2 & \cdots & AB^r \end{pmatrix}.
\end{aligned}
$$

**참 고** **1.16** 행렬의 곱은 부자연스럽게 보이는데, 뒤에서 다루는 선형변환 및 이들의 합성을 간단히 나타내도록 정의한 것이다.

**예 제** **1.17** 행렬 $A = \begin{pmatrix} 1 & 2 \\ 3 & 6 \end{pmatrix}$, $B = \begin{pmatrix} 2 & 4 \\ -1 & -2 \end{pmatrix}$에 대하여 $AB$와 $BA$를 구하여라.

【풀이】 주어진 $A$, $B$에 대하여

$$
AB = \begin{pmatrix} 1 & 2 \\ 3 & 6 \end{pmatrix} \begin{pmatrix} 2 & 4 \\ -1 & -2 \end{pmatrix} = \begin{pmatrix} 1\cdot 2 + 2\cdot(-1) & 1\cdot 4 + 2\cdot(-2) \\ 3\cdot 2 + 6\cdot(-1) & 3\cdot 4 + 6\cdot(-2) \end{pmatrix} = \begin{pmatrix} 0 & 0 \\ 0 & 0 \end{pmatrix},
$$

$$
BA = \begin{pmatrix} 2 & 4 \\ -1 & -2 \end{pmatrix} \begin{pmatrix} 1 & 2 \\ 3 & 6 \end{pmatrix} = \begin{pmatrix} 14 & 28 \\ -7 & -14 \end{pmatrix}
$$

이다. □

**예 1.18** $\begin{pmatrix} 1 & 2 \end{pmatrix} \begin{pmatrix} 3 \\ 4 \end{pmatrix} = \begin{pmatrix} 1 \cdot 3 + 2 \cdot 4 \end{pmatrix} = \begin{pmatrix} 11 \end{pmatrix}$

**예 1.19** $\begin{pmatrix} 3 \\ 4 \end{pmatrix} \begin{pmatrix} 1 & 2 \end{pmatrix} = \begin{pmatrix} 3 & 6 \\ 4 & 8 \end{pmatrix}$

**예 1.20** $\begin{pmatrix} 1 & 2 & 3 \end{pmatrix} \begin{pmatrix} 4 \\ 5 \\ 6 \end{pmatrix} = \begin{pmatrix} 1 \cdot 4 + 2 \cdot 5 + 3 \cdot 6 \end{pmatrix} = \begin{pmatrix} 32 \end{pmatrix}$

**예 1.21** 행렬 $A$가 각 상점에서 감자와 양파의 kg 당 가격을 나타내고, $B$가 사고자 하는 양(kg)이라 하자.

$$A = \begin{pmatrix} 1200 & 1100 \\ 1500 & 900 \\ 800 & 1400 \end{pmatrix} \begin{matrix} \text{상점 가} \\ \text{상점 나} \\ \text{상점 다} \end{matrix} \quad (\text{열: 감자, 양파}) \qquad B = \begin{pmatrix} 3 \\ 2 \end{pmatrix} \begin{matrix} \text{감자} \\ \text{양파} \end{matrix}$$

이 때 두 행렬의 곱

$$C = AB = \begin{pmatrix} 1200 \cdot 3 + 1100 \cdot 2 \\ 1500 \cdot 3 + 900 \cdot 2 \\ 800 \cdot 3 + 1400 \cdot 2 \end{pmatrix} = \begin{pmatrix} 5800 \\ 6300 \\ 5200 \end{pmatrix}$$

에서의 각 성분은 각 상점에서 구입할 경우에 지불할 금액을 의미한다.

**예 1.22** 위 예제와 같은 상황에서 어떤 음식점에서 1일차와 2일차에 각각 아래와 같은 양을 주문하자 한다.

$$\begin{array}{c} \quad\;\; 1\text{일} \;\; 2\text{일} \\ B = \begin{pmatrix} 30 & 20 \\ 20 & 40 \end{pmatrix} \begin{array}{l} \text{감자} \\ \text{양파} \end{array} \end{array}$$

이 때 두 행렬의 곱

$$\begin{aligned} C = AB &= \begin{pmatrix} 1200 \cdot 30 + 1100 \cdot 20 & 1200 \cdot 20 + 1100 \cdot 40 \\ 1500 \cdot 30 + 900 \cdot 20 & 1500 \cdot 20 + 900 \cdot 40 \\ 800 \cdot 30 + 1400 \cdot 20 & 800 \cdot 20 + 1400 \cdot 40 \end{pmatrix} \\ &= \begin{pmatrix} 58000 & 68000 \\ 63000 & 66000 \\ 52000 & 72000 \end{pmatrix} \end{aligned}$$

에서 1열의 각 성분은 1일차에 이 음식점이 각 상점에서 구입할 경우에 지불할 금액을, 2열의 각 성분은 2일차에 각 상점에서 구입할 경우에 지불할 금액을 의미한다.

**예 제 1.23** 다음 주어진 연립방정식을 행렬을 이용해서 표시하여라.

$$\begin{cases} a_{11}x_1 + a_{12}x_2 + \cdots + a_{1n}x_n = b_1 \\ a_{21}x_1 + a_{22}x_2 + \cdots + a_{2n}x_n = b_2 \\ \qquad\qquad\qquad \vdots \\ a_{m1}x_1 + a_{m2}x_2 + \cdots + a_{mn}x_n = b_m \end{cases}$$

【풀이】 위 연립방정식을 행렬을 이용하여 표현하면

$$\begin{pmatrix} a_{11} & a_{12} & \cdots & a_{1n} \\ a_{21} & a_{22} & \cdots & a_{2n} \\ \vdots & \vdots & \vdots & \vdots \\ a_{m1} & a_{m2} & \cdots & a_{mn} \end{pmatrix} \begin{pmatrix} x_1 \\ x_2 \\ \vdots \\ x_n \end{pmatrix} = \begin{pmatrix} b_1 \\ b_2 \\ \vdots \\ b_m \end{pmatrix}$$

와 같이 나타낼 수 있고 $A$를 $A = \begin{pmatrix} a_{ij} \end{pmatrix} \in M_{m\times n}$ 인 행렬이라 하고

$$X = \begin{pmatrix} x_1 \\ x_2 \\ \vdots \\ x_n \end{pmatrix}, \qquad B = \begin{pmatrix} b_1 \\ b_2 \\ \vdots \\ b_m \end{pmatrix}$$

이라 하면 위의 연립방정식을 간단히 $AX = B$로 표시할 수 있다. □

**예 제 1.24** 어떤 도시의 2020년 용도별 토지 사용 비율이 아래와 같다.

| | |
|---|---|
| I 주거지역 | 30% |
| II 상업지역 | 20% |
| III 생산지역 | 50% |

이 도시의 토지 용도 변경이 지난 5년간 아래와 같았다고 하자.

| | I 에서 | II 에서 | III 에서 |
|---|---|---|---|
| I 로 | 0.8 | 0.1 | 0 |
| II 로 | 0.1 | 0.7 | 0.1 |
| III 으로 | 0.1 | 0.2 | 0.9 |

이와 같은 추세로 용도변경이 계속된다면 2025년도와 2030년도 이 도시의

용도별 토지 사용 비율은 어떻게 되겠는가?

【풀이】 주어진 용도변경 추세에 따라 2025년도의 사용 비율을 구하면

$$
\begin{array}{rl}
\text{I 주거지역} & 0.8 \cdot 30 + 0.1 \cdot 20 + 0 \cdot 50 = 26(\%) \\
\text{II 상업지역} & 0.1 \cdot 30 + 0.7 \cdot 20 + 0.1 \cdot 50 = 22(\%) \\
\text{III 생산지역} & 0.1 \cdot 30 + 0.2 \cdot 20 + 0.9 \cdot 50 = 52(\%)
\end{array}
$$

로서 100% 가 된다. 이것을 행렬의 곱셈으로 나타내면

$$B = TA = \begin{pmatrix} 0.8 & 0.1 & 0 \\ 0.1 & 0.7 & 0.1 \\ 0.1 & 0.2 & 0.9 \end{pmatrix} \begin{pmatrix} 30 \\ 20 \\ 50 \end{pmatrix}$$

와 같이 나타낼 수 있다. 2030년도의 토지 사용 비율은

$$C = T(TA) = T^2 A = \begin{pmatrix} 23 \\ 23.2 \\ 53.8 \end{pmatrix}$$

이 된다. 따라서 2025년도 주거지역 26%, 상업지역 22%, 생산지역 52% 이고, 2030년도는 주거지역 23%, 상업지역 23.2%, 생산지역 53.8% 이다. □

정사각행렬 $A = \left(a_{ij}\right) \in M_{n \times n}$ 에서 성분 $a_{11}, a_{22}, \cdots, a_{nn}$ 을 행렬 $A$ 의 주대각성분(principal diagonal component)이라 한다. 주대각성분 이외의 모든 성분이 0인 정사각행렬을 대각행렬(diagonal matrix), 모든 주대각성분이 일정한 수 $\alpha$ 인 대각행렬을 스칼라 행렬(scalar matrix)이라 한다. 또한 주대각성분의 위쪽 성분이 모두 0이거나, 아래쪽 성분이 모두 0인 행렬을 삼각행렬(triangular matrix)이라 한다.

주대각성분이 모두 1인 대각행렬을 항등행렬(identity matrix) 또는

단위행렬(unit matrix)이라 하고 $I_n$, 또는 $I$로 나타낸다. 행렬 $A$가 $m \times n$ 행렬이면 $AI_n = A = I_m A$이 성립하기 때문에 항등행렬은 행렬의 곱셈에서 항등원이 된다.

크로네커 델타(Kronecker delta)라 부르는 기호

$$\delta_{ij} = \begin{cases} 1, & i = j \text{일 때} \\ 0, & i \neq j \text{일 때} \end{cases}$$

를 생각하면 항등행렬을 $I = \left(\delta_{ij}\right)$로 나타낼 수 있다.

**예 제** **1.25** 아래 행렬에서 삼각행렬, 대각행렬, 항등행렬을 찾아라.

$$A = \begin{pmatrix} -1 & 0 \\ 0 & 1 \end{pmatrix}, B = \begin{pmatrix} 1 & 0 \\ 0 & 1 \end{pmatrix}, C = \begin{pmatrix} 1 & 0 & 0 \\ 0 & 1 & 0 \\ 0 & 0 & 1 \end{pmatrix}, D = \begin{pmatrix} 1 & 2 & 3 \\ 0 & 1 & 4 \\ 0 & 0 & 1 \end{pmatrix}$$

【풀이】 모두 삼각행렬이고 $A$, $B$, $C$는 대각행렬, $B$, $C$는 항등행렬이다. □

**정 리** **1.26** 합과 곱이 가능한 행렬 $A$, $B$, $C$와 $\alpha \in \mathbf{R}$에 대하여 다음 관계식이 성립한다.

(1) $(AB)C = A(BC)$

(2) $A(B + C) = AB + AC$

(3) $(A + B)C = AC + BC$

(4) $\alpha(AB) = (\alpha A)B = A(\alpha B)$

【증명】 연습문제. □

**참 고 1.27** 정리 1.7과 정리 1.26에서 행렬의 여러 성질을 살펴보았는데 행렬의 연산에서 영행렬은 실수 0과 같고, 항등행렬은 실수 1과 같은 성질을 가지고 있는 등 실수의 성질과 유사한 것을 알게 되었다. 그러나, 아래와 같이 실수와 다른 성질도 갖고 있으므로 주의하여야 한다.

**(1)** 행렬의 곱셈에서는 교환법칙이 성립하지 않는다.

**예 1.28** $A = \begin{pmatrix} -1 & 0 \\ -2 & 4 \end{pmatrix}$, $B = \begin{pmatrix} -2 & 6 \\ 1 & 3 \end{pmatrix}$ 일 때

$$AB = \begin{pmatrix} 2 & -6 \\ 8 & 0 \end{pmatrix}, \quad BA = \begin{pmatrix} -10 & 24 \\ -7 & 12 \end{pmatrix}$$

이므로 $AB \neq BA$이다.

**(2)** 영인자(zero divisor)를 갖는다. 즉, $A$와 $B$가 영행렬이 아니라도 $AB$는 영행렬이 되기도 한다.

**예 1.29** $A = \begin{pmatrix} 2 & 3 \\ 4 & 6 \end{pmatrix}$, $B = \begin{pmatrix} 3 & -6 \\ -2 & 4 \end{pmatrix}$ 는 모두 영행렬이 아니지만 $AB = O$이다.

## 1.3 전치행렬

$m \times n$ 행렬 $A = (a_{ij})$에서 행과 열을 바꾸어서 생긴 $n \times m$ 행렬 즉, $A$의 $i$행의 값을, $i$열의 값으로 택하는 행렬을 $A$의 전치행렬(transpose matrix)이라 하고 $A^{\mathsf{T}}$로 나타낸다. $A^{\mathsf{T}} = \left(b_{ij}\right)$이라 놓으면, $b_{ij} = a_{ji}$가 된다. 즉,

$$A = \begin{pmatrix} a_{11} & a_{12} & \cdots & a_{1n} \\ a_{21} & a_{22} & \cdots & a_{2n} \\ \vdots & \vdots & \ddots & \vdots \\ a_{m1} & a_{m2} & \cdots & a_{mn} \end{pmatrix} \text{ 이면 } A^{\mathsf{T}} = \begin{pmatrix} a_{11} & a_{21} & \cdots & a_{m1} \\ a_{12} & a_{22} & \cdots & a_{m2} \\ \vdots & \vdots & \ddots & \vdots \\ a_{1n} & a_{2n} & \cdots & a_{mn} \end{pmatrix} \text{ 이다.}$$

**예 1.30** 행렬 $A = \begin{pmatrix} 0 & 4 & 3 \end{pmatrix}$의 전치행렬은 $A^{\mathsf{T}} = \begin{pmatrix} 0 \\ 4 \\ 3 \end{pmatrix}$이다.

**예제 1.31** 다음 행렬의 전치행렬을 구하여라.

$$A = \begin{pmatrix} 1 & 2 \\ -1 & 2 \end{pmatrix}, \quad B = \begin{pmatrix} 1 & 0 & 1 \\ 0 & 2 & 1 \\ 1 & 1 & 0 \end{pmatrix}, \quad C = \begin{pmatrix} 1 & 0 & 1 & 3 \\ 0 & 2 & 1 & 0 \\ 1 & 3 & 1 & 4 \end{pmatrix}$$

【풀이】 주어진 행렬의 전치행렬은

$$A^{\mathsf{T}} = \begin{pmatrix} 1 & -1 \\ 2 & 2 \end{pmatrix}, \quad B^{\mathsf{T}} = \begin{pmatrix} 1 & 0 & 1 \\ 0 & 2 & 1 \\ 1 & 1 & 0 \end{pmatrix}, \quad C^{\mathsf{T}} = \begin{pmatrix} 1 & 0 & 1 \\ 0 & 2 & 3 \\ 1 & 1 & 1 \\ 3 & 0 & 4 \end{pmatrix}$$

이다. □

전치행렬에 대하여 다음 정리가 성립한다.

**정 리** **1.32** 임의의 행렬 $A$와 $\alpha \in \mathbf{R}$에 대해 다음이 성립한다.

(1) $(A^{\mathsf{T}})^{\mathsf{T}} = A$

(2) $(\alpha A)^{\mathsf{T}} = \alpha A^{\mathsf{T}}$

(3) $A, B \in M_{m\times n}$이면 $(A+B)^{\mathsf{T}} = A^{\mathsf{T}} + B^{\mathsf{T}}$

(4) $A \in M_{m\times n}, B \in M_{n\times r}$일 때 $(AB)^{\mathsf{T}} = B^{\mathsf{T}} A^{\mathsf{T}}$

【증명】 연습문제. □

**예 제** **1.33** 다음 행렬에서 $(AB)^{\mathsf{T}}$와 $B^{\mathsf{T}}A^{\mathsf{T}}$을 구하고 $(AB)^{\mathsf{T}} = B^{\mathsf{T}}A^{\mathsf{T}}$이 되는지 알아보아라.

$$A = \begin{pmatrix} 2 & 0 & 1 \\ -1 & 0 & 4 \end{pmatrix}, \qquad B = \begin{pmatrix} -1 & 0 & 4 \\ 1 & 3 & 0 \\ -1 & 1 & 1 \end{pmatrix}$$

【풀이】 주어진 행렬 $A$와 $B$에 대하여

$$(AB)^{\mathsf{T}} = \begin{pmatrix} -3 & 1 & 9 \\ -3 & 4 & 0 \end{pmatrix}^{\mathsf{T}} = \begin{pmatrix} -3 & -3 \\ 1 & 4 \\ 9 & 0 \end{pmatrix},$$

$$B^{\mathsf{T}}A^{\mathsf{T}} = \begin{pmatrix} -1 & 1 & -1 \\ 0 & 3 & 1 \\ 4 & 0 & 1 \end{pmatrix} \begin{pmatrix} 2 & -1 \\ 0 & 0 \\ 1 & 4 \end{pmatrix} = \begin{pmatrix} -3 & -3 \\ 1 & 4 \\ 9 & 0 \end{pmatrix}$$

이므로 $(AB)^{\mathsf{T}} = B^{\mathsf{T}}A^{\mathsf{T}}$이다. □

만약 $A^{\mathsf{T}} = A$이면 행렬 $A$를 대칭행렬(symmetric matrix)이라 한다. $A$가 대칭행렬이면 모든 $a_{ij}$가 $a_{ji}$와 같아야 하므로 주대각성분에 대해 대칭인 성분들이 같다.

또한 $A^{\mathsf{T}} = -A$이면 $A$를 교대행렬(skew-symmetric matrix)이라 한다. 정의에서 $A$가 교대행렬이면 임의에 $ij$에 대하여 $a_{ij} = -a_{ji}$이어야 하기 때문에 $a_{ii} = -a_{ii}$이므로 $a_{ii} = 0$이어야 한다. 즉, 대각성분 $a_{ii}$가 모두 0이어야 하고 주대각성분에 대칭인 성분들의 부호가 다르다.

**예제 1.34** 다음 중에서 대칭행렬과 교대행렬을 찾아라.

(1) $\begin{pmatrix} 1 & 0 & 3 \\ 0 & 5 & -4 \\ 1 & 0 & -1 \end{pmatrix}$ (2) $\begin{pmatrix} 0 & 2 & 3 \\ 2 & 1 & 2 \\ 3 & 2 & 1 \end{pmatrix}$

(3) $\begin{pmatrix} 0 & 0 & 1 \\ 0 & 1 & 0 \\ 0 & 1 & 0 \end{pmatrix}$ (4) $\begin{pmatrix} 0 & 0 & -1 \\ 0 & 0 & 2 \\ 1 & -2 & 0 \end{pmatrix}$

【풀이】(2)는 대칭행렬이고 (4)는

$$A^{\mathsf{T}} = \begin{pmatrix} 0 & 0 & -1 \\ 0 & 0 & 2 \\ 1 & -2 & 0 \end{pmatrix}^{\mathsf{T}} = \begin{pmatrix} 0 & 0 & 1 \\ 0 & 0 & -2 \\ -1 & 2 & 0 \end{pmatrix} = -\begin{pmatrix} 0 & 0 & -1 \\ 0 & 0 & 2 \\ 1 & -2 & 0 \end{pmatrix} = -A$$

이므로 교대행렬이다. □

**예 제** **1.35** 다음 행렬 $A$에 대하여 $A + A^{\mathsf{T}}$은 대칭행렬이고 $A - A^{\mathsf{T}}$은 교대행렬임을 보여라.

$$A = \begin{pmatrix} 1 & 4 & 0 \\ 2 & 5 & 0 \\ 3 & 6 & 1 \end{pmatrix}$$

【풀이】$A + A^{\mathsf{T}} = \begin{pmatrix} 1 & 4 & 0 \\ 2 & 5 & 0 \\ 3 & 6 & 1 \end{pmatrix} + \begin{pmatrix} 1 & 2 & 3 \\ 4 & 5 & 6 \\ 0 & 0 & 1 \end{pmatrix} = \begin{pmatrix} 2 & 6 & 3 \\ 6 & 10 & 6 \\ 3 & 6 & 2 \end{pmatrix}$,

$$(A + A^{\mathsf{T}})^{\mathsf{T}} = \begin{pmatrix} 2 & 6 & 3 \\ 6 & 10 & 6 \\ 3 & 6 & 2 \end{pmatrix} = A + A^{\mathsf{T}}.$$

따라서, $A + A^{\mathsf{T}}$는 대칭행렬이다. 또한

$$A - A^{\mathsf{T}} = \begin{pmatrix} 1 & 4 & 0 \\ 2 & 5 & 0 \\ 3 & 6 & 1 \end{pmatrix} - \begin{pmatrix} 1 & 2 & 3 \\ 4 & 5 & 6 \\ 0 & 0 & 1 \end{pmatrix} = \begin{pmatrix} 0 & 2 & -3 \\ -2 & 0 & -6 \\ 3 & 6 & 0 \end{pmatrix},$$

$$(A - A^{\mathsf{T}})^{\mathsf{T}} = \begin{pmatrix} 0 & -2 & 3 \\ 2 & 0 & 6 \\ -3 & -6 & 0 \end{pmatrix} = -\begin{pmatrix} 0 & 2 & 3 \\ -2 & 0 & 6 \\ 3 & 6 & 0 \end{pmatrix} = -(A - A^{\mathsf{T}}).$$

따라서, $A - A^{\intercal}$은 교대행렬이다. □

실제로 모든 정사각행렬 $A$에 대해 $A + A^{\intercal}$은 대칭행렬이고 $A - A^{\intercal}$은 교대행렬이다. 이를 이용하여 다음 정리를 얻을 수 있다.

**정 리 1.36** 모든 정사각행렬은 대칭행렬과 교대행렬의 합으로 유일하게 표시된다.

【증명】 $A = (a_{ij}) \in M_{n\times n}$에 대하여

$$B = \frac{1}{2}(A + A^{\intercal}), C = \frac{1}{2}(A - A^{\intercal})$$

라 하자. 그러면

$$B^{\intercal} = \left(\frac{1}{2}(A + A^{\intercal})\right)^{\intercal} = \frac{1}{2}(A^{\intercal} + A) = B,$$

$$C^{\intercal} = \left(\frac{1}{2}(A - A^{\intercal})\right)^{\intercal} = \frac{1}{2}(A^{\intercal} - A) = -C,$$

$$B + C = \frac{1}{2}(A + A^{\intercal}) + \frac{1}{2}(A - A^{\intercal}) = A$$

이므로 행렬 $A$는 대칭행렬 $B$와 교대행렬 $C$의 합으로 표시된다.

이제 이런 행렬 $B$와 $C$가 유일함을 보이자. 만일 $D$와 $E$가 있어서

$$A = D + E, D^{\intercal} = D, E^{\intercal} = -E$$

라 하면

$$0 = A - A = (B + C) - (D + E) = (B - D) + (C - E)$$

가 되고 양변을 전치 시켜주면

$$\begin{aligned} 0 &= (B-D)^{\mathsf{T}} + (C-E)^{\mathsf{T}} \\ &= B^{\mathsf{T}} - D^{\mathsf{T}} + C^{\mathsf{T}} - E^{\mathsf{T}} \\ &= B - D + (-C) - (-E) \\ &= (B-D) - (C-E) \end{aligned}$$

가 된다. 따라서 위 두 식을 연립시켜 풀면

$$B - D = 0, C - E = 0$$

가 되고 따라서 $B = D, C = E$이므로 유일하다. □

**예 제** **1.37** 다음 행렬 $A$를 대칭행렬과 교대행렬의 합으로 나타내어라.

$$A = \begin{pmatrix} 0 & 3 \\ -1 & 1 \end{pmatrix}$$

【풀이】 행렬 $A$에서, $A + A^{\mathsf{T}}, A - A^{\mathsf{T}}$를 구하면

$$A + A^{\mathsf{T}} = \begin{pmatrix} 0 & 3 \\ -1 & 1 \end{pmatrix} + \begin{pmatrix} 0 & -1 \\ 3 & 1 \end{pmatrix} = \begin{pmatrix} 0 & 2 \\ 2 & 2 \end{pmatrix},$$

$$A - A^{\mathsf{T}} = \begin{pmatrix} 0 & 3 \\ -1 & 1 \end{pmatrix} - \begin{pmatrix} 0 & -1 \\ 3 & 1 \end{pmatrix} = \begin{pmatrix} 0 & 4 \\ -4 & 0 \end{pmatrix}.$$

그런데 $A = \frac{1}{2}(A + A^{\mathsf{T}}) + \frac{1}{2}(A - A^{\mathsf{T}})$ 이므로

$$\begin{aligned}\begin{pmatrix} 0 & 1 \\ -1 & 1 \end{pmatrix} &= \frac{1}{2}\begin{pmatrix} 0 & 2 \\ 2 & 2 \end{pmatrix} + \frac{1}{2}\begin{pmatrix} 0 & 4 \\ -4 & 0 \end{pmatrix} \\ &= \begin{pmatrix} 0 & 1 \\ 1 & 1 \end{pmatrix} + \begin{pmatrix} 0 & 2 \\ -2 & 0 \end{pmatrix}.\end{aligned}$$

□

**정 리** **1.38** 임의의 행렬 $A \in M_{m\times n}$ 에 대해

$$B = AA^{\mathsf{T}} \in M_{m\times m}, \quad C = A^{\mathsf{T}}A \in M_{n\times n}$$

는 대칭행렬이다.

【증명】 $B^{\mathsf{T}} = (AA^{\mathsf{T}})^{\mathsf{T}} = (A^{\mathsf{T}})^{\mathsf{T}}A^{\mathsf{T}} = AA^{\mathsf{T}} = B$ 이므로 $B$는 대칭행렬이다. 또한 $C^{\mathsf{T}} = (A^{\mathsf{T}}A)^{\mathsf{T}} = A^{\mathsf{T}}(A^{\mathsf{T}})^{\mathsf{T}} = A^{\mathsf{T}}A = C$ 이므로 $C$는 대칭행렬이다. □

**예 제** **1.39** 행렬 $A = \begin{pmatrix} 0 & 0 & 1 & 0 \\ 8 & 8 & 4 & 8 \\ 4 & 7 & 2 & 7 \end{pmatrix}$ 에 대해

$$B = AA^{\mathsf{T}} \text{ 와 } C = A^{\mathsf{T}}A$$

를 계산하여 대칭행렬임을 보여라.

【풀이】 $B = AA^{\mathsf{T}} = \begin{pmatrix} 0 & 0 & 1 & 0 \\ 8 & 8 & 4 & 8 \\ 4 & 7 & 2 & 7 \end{pmatrix} \begin{pmatrix} 0 & 8 & 4 \\ 0 & 8 & 7 \\ 1 & 4 & 2 \\ 0 & 8 & 7 \end{pmatrix} = \begin{pmatrix} 1 & 4 & 2 \\ 4 & 208 & 152 \\ 2 & 152 & 118 \end{pmatrix}$

$$C = A^{\mathsf{T}}A = \begin{pmatrix} 0 & 8 & 4 \\ 0 & 8 & 7 \\ 1 & 4 & 2 \\ 0 & 8 & 7 \end{pmatrix} \begin{pmatrix} 0 & 0 & 1 & 0 \\ 8 & 8 & 4 & 8 \\ 4 & 7 & 2 & 7 \end{pmatrix} = \begin{pmatrix} 80 & 92 & 40 & 92 \\ 92 & 113 & 46 & 113 \\ 40 & 46 & 21 & 46 \\ 92 & 113 & 46 & 113 \end{pmatrix}$$

이므로 주대각성분에 대칭인 성분들이 모두 같다. 따라서 $B, C$ 모두 대칭 행렬이다.

□

## 1.4 역행렬

**정 의** **1.40** $n$차 정사각행렬 $A$에 대하여

$$AB = BA = I \tag{1.1}$$

을 만족시키는 $n$차 정사각행렬 $B$가 존재할 때 $A$를 가역행렬(invertible matrix)이라 한다. 이 때 $B$를 일컬어 $A$의 역행렬(inverse matrix)이라 하고 $A^{-1}$로 나타낸다. 즉,

$$AA^{-1} = A^{-1}A = I \tag{1.2}$$

이다.

---

행렬 $A$에 대해 $AB = BA = I$인 행렬 $B$가 존재하면 그것은 오직 하나뿐이다. 실제로 $AC = CA = I$인 행렬 $C$가 존재하면

$$C = CI = C(AB) = (CA)B = IB = B$$

이다. 따라서 역행렬은 하나뿐이다.

**정 리** **1.41** 역행렬에 관해서 다음 성질이 성립한다.

(1) 항등행렬 $I$는 가역행렬이고 $I^{-1} = I$이다.

(2) $A$가 가역이면 $A^{-1}$도 가역이고 $(A^{-1})^{-1} = A$이다.

(3) $A$와 $B$가 가역이면 $AB$도 가역이고 $(AB)^{-1} = B^{-1}A^{-1}$이다.

(4) $A$가 가역이고 $\alpha \neq 0$이면 $\alpha A$도 가역이고 $(\alpha A)^{-1} = \frac{1}{\alpha}(A^{-1})$이다.

【증명】

(1) $I\,I = I$이므로 명백하다.

(2) $A^{-1}A = AA^{-1} = I_n$이므로 $A^{-1}$가 가역이고 $(A^{-1})^{-1} = A$가 된다.

(3) $(AB)(B^{-1}A^{-1}) = (A(BB^{-1}))A^{-1} = (AI_n)A^{-1} = AA^{-1} = I_n$이고, 같은 방법으로 $(B^{-1}A^{-1})(AB) = I_n$이다. 그러므로 $AB$는 가역이고, $(AB)^{-1} = B^{-1}A^{-1}$이다.

(4) $(\alpha A)(\frac{1}{\alpha}A^{-1}) = (\alpha \cdot \frac{1}{\alpha})(AA^{-1}) = AA^{-1} = I$이고, 마찬가지로 $(\frac{1}{\alpha}A^{-1})(\alpha A) = I$이므로 $(\alpha A)^{-1} = \frac{1}{\alpha}(A^{-1})$이다.

□

**예 1.42** $a \neq 0$일 때 $1 \times 1$ 행렬 $\begin{pmatrix} a \end{pmatrix}$의 역행렬은 $\begin{pmatrix} \frac{1}{a} \end{pmatrix} \in M_{1\times 1}$이다.

**정 리 1.43** [역행렬]

행렬 $A = \begin{pmatrix} a & b \\ c & d \end{pmatrix}$가 가역행렬이 될 필요충분조건은 $ad - bc \neq 0$이고,

$$A^{-1} = \frac{1}{ad - bc}\begin{pmatrix} d & -b \\ -c & a \end{pmatrix}$$

이다.

【증명】 $ad - bc \neq 0$일 때, 행렬 $A^{-1}$을 아래와 같이 정의하자.

$$A^{-1} = \frac{1}{ad - bc}\begin{pmatrix} d & -b \\ -c & a \end{pmatrix}.$$

그러면 $AA^{-1} = A^{-1}A = I$를 만족한다. 따라서 $A$는 가역행렬이다.

역으로 $A$가 역행렬 $X = \begin{pmatrix} x & y \\ u & v \end{pmatrix}$를 가진다고 가정하자. 그러면 정의에 의해서

$$AX = \begin{pmatrix} a & b \\ c & d \end{pmatrix}\begin{pmatrix} x & y \\ u & v \end{pmatrix} = \begin{pmatrix} ax + bu & ay + bv \\ cx + du & cy + dv \end{pmatrix} = \begin{pmatrix} 1 & 0 \\ 0 & 1 \end{pmatrix} = I$$

이어야 한다. 즉,

$$\begin{cases} ax + bu = 1 & (1) \\ ay + bv = 0 & (2) \\ cx + du = 0 & (3) \\ cy + dv = 1 & (4) \end{cases}$$

을 얻는다. 따라서, 위 식들을 연립하여 풀어서 $x$, $y$, $u$, $v$를 구하면 된다. 만일 $ad - bc = 0$이면 (1)~(4)의 선형시스템을 푸는데 있어서 $a = b = c = d = 0$이 되어 (1)과 (4)에 모순된다. 따라서 $ad - bc \neq 0$이다. 그러므로

$$x = \frac{d}{ad - bc}, \qquad y = \frac{-b}{ad - bc}, \qquad u = \frac{-c}{ad - bc}, \qquad v = \frac{a}{ad - bc}$$

로 되어

$$X = \begin{pmatrix} x & y \\ u & v \end{pmatrix} = \frac{1}{ad - bc}\begin{pmatrix} d & -b \\ -c & a \end{pmatrix}$$

이다. 또한 $AX = XA = I$가 성립하므로 $X = A^{-1}$이다. □

**예 제** **1.44** 다음 행렬의 역행렬이 존재하면 구하여라.

(1) $A = \begin{pmatrix} 1 & 2 \\ 3 & 4 \end{pmatrix}$ (2) $A = \begin{pmatrix} \cos\theta & -\sin\theta \\ \sin\theta & \cos\theta \end{pmatrix}$,

【풀이】 (1) $ad - bc = -2 \neq 0$이므로 역행렬이 존재하고

$$A^{-1} = \frac{1}{-2}\begin{pmatrix} 4 & -2 \\ -3 & 1 \end{pmatrix} = \begin{pmatrix} -2 & 1 \\ \frac{3}{2} & \frac{-1}{2} \end{pmatrix}$$

(2) $(\cos\theta)^2 + (\sin\theta)^2 = 1 \neq 0$이므로 역행렬이 존재하고

$$A^{-1} = \begin{pmatrix} \cos\theta & \sin\theta \\ -\sin\theta & \cos\theta \end{pmatrix}$$

□

**예 제** **1.45** 다음 대각행렬의 역행렬을 구하여라. (단, $a_{11}a_{22}\cdots a_{nn} \neq 0$)

$$B = \begin{pmatrix} a_{11} & 0 & \cdots & 0 \\ 0 & a_{22} & \cdots & 0 \\ \vdots & \vdots & \ddots & \vdots \\ 0 & 0 & \cdots & a_{nn} \end{pmatrix}$$

【풀이】

$$B^{-1} = \begin{pmatrix} a_{11}^{-1} & 0 & \cdots & 0 \\ 0 & a_{22}^{-1} & \cdots & 0 \\ \vdots & \vdots & \ddots & \vdots \\ 0 & 0 & \cdots & a_{nn}^{-1} \end{pmatrix}$$

라 하고 실제로 곱을 할 경우 식 (1.1)이 성립함을 알 수 있다. 따라서 역행

렬이 된다. □

일반적인 $n$차 정사각행렬에 대한 역행렬의 존재 여부와 계산법은 나중에 2.4절에서 다룰 것이다.

**정 리** **1.46** 행렬 $A \in M_{n\times n}$이 가역행렬이기 위한 필요충분조건은 전치행렬 $A^{\intercal}$가 가역행렬이 되는 것이다.

【증명】 행렬 $A$가 가역행렬일 필요충분조건은 $I = A^{-1}A$, $I = AA^{-1}$이므로 양변을 전치시키면,

$$I = \left(A^{-1}A\right)^{\intercal} = A^{\intercal}\left(A^{-1}\right)^{\intercal}, \qquad I = \left(AA^{-1}\right)^{\intercal} = \left(A^{-1}\right)^{\intercal}A^{\intercal}$$

이다. 따라서 $A$가 가역행렬일 필요충분조건은 $A^{\intercal}$가 가역행렬이다. 이때 $A^{\intercal}$의 역행렬은 $\left(A^{-1}\right)^{\intercal}$이다. □

## 1.5 연습문제 1

1. $A = \begin{pmatrix} 3 & -1 \\ 3 & 4 \end{pmatrix}$, $B = \begin{pmatrix} 2 & -3 \\ 1 & 2 \end{pmatrix}$ 일 때 $A+B$, $3A$, $B^2$, $B^3$을 구하여라.

2. 다음 조건을 만족하는 행렬 $A$를 구하여라.

   (1) $A = (a_{ij}) = (i+j) \in M_{2\times 3}$

   (2) $A = (a_{ij}) = ((-1)^{i+j}) \in M_{3\times 3}$

   (3) $A = (a_{ij}) = (i^{j+1}) \in M_{3\times 2}$

   (4) $A = (a_{ij}) = (\delta_{ij}(i+j+1)) \in M_{3\times 3}$

3. 다음 각 경우에 대해 $(AB)C$와 $A(BC)$를 계산하여라.

   (1) $A = \begin{pmatrix} 1 & 2 \\ 2 & 1 \end{pmatrix}$, $B = \begin{pmatrix} -1 & 1 & 2 \\ 1 & 2 & -2 \end{pmatrix}$, $C = \begin{pmatrix} 1 & 4 \\ 2 & 2 \\ -2 & 1 \end{pmatrix}$

   (2) $A = \begin{pmatrix} 1 & 0 & 1 \\ 2 & 1 & -1 \end{pmatrix}$, $B = \begin{pmatrix} -1 & 1 & 2 \\ 1 & 2 & 1 \\ 3 & 2 & 1 \end{pmatrix}$, $C = \begin{pmatrix} 1 & 4 \\ 2 & 2 \\ -1 & 1 \end{pmatrix}$

4. $A \neq 0$이면서 $A^2 = 0$인 $2\times 2$행렬의 예를 들어라.

5. $A = \begin{pmatrix} 1 & 0 & 1 \\ 2 & 1 & -1 \\ 1 & 2 & 5 \end{pmatrix}$, $B = \begin{pmatrix} x \\ y \\ z \end{pmatrix}$, $C = \begin{pmatrix} 1 \\ 0 \\ 0 \end{pmatrix}$ 일 때

(1) $AB$를 구하여라.

(2) $AB = C$를 만족하는 $x$, $y$, $z$를 구하여라.

6. 다음 행렬 $A$, $B$에 대해 $A^n$, $B^n$을 구하여라.

$$A = \begin{pmatrix} a & 2 \\ 0 & a \end{pmatrix}, \quad B = \begin{pmatrix} a & 1 & 0 \\ 0 & a & 1 \\ 0 & 0 & a \end{pmatrix}$$

7. 다음 행렬 $A$에 대해 $A + A$, $5A$, $\frac{1}{3}A$, $A^n$을 구하여라.

$$A = \begin{pmatrix} \cos\theta & -\sin\theta \\ \sin\theta & \cos\theta \end{pmatrix}$$

8. $A = \begin{pmatrix} 1 & 3 \\ -2 & 0 \end{pmatrix}$, $B = \begin{pmatrix} 2 & 1 \\ -1 & 1 \end{pmatrix}$에 대해 $(A+B)(A-B) = A^2 - B^2$이

성립하는가?

9. $(A + B)^2 \neq A^2 + 2AB + B^2$인 행렬의 예를 들어라.

10. 행렬의 곱셈에서 좌소거법칙이 성립하지 않는다. 즉, $A$가 영행렬이 아니고 $AB = AC$이지만 $B \neq C$일 수 있다는 예를 들어라.

11. 다음 행렬에 대해 $(5A)^\intercal$, $(\frac{1}{3}A)^\intercal$, $(A^n)^\intercal$을 구하여라.

$$A = \begin{pmatrix} \cos\theta & -\sin\theta \\ \sin\theta & \cos\theta \end{pmatrix}$$

12. $2 \times 2$ 행렬 $A$, $B$ 둘 다 가역행렬이면서 $AB \neq BA$인 예를 들어라.

13. 다음을 증명하여라.

(1) $A$가 가역행렬이고 $AB = AC$이면 $B = C$이다.

(2) 가역행렬 $A$, $B$가 대칭행렬일 때, $((AB)^\intercal)^{-1} = A^{-1}B^{-1}$이다

14. $A \in M_{m\times n}$, $B \in M_{n\times r}$에 대해 곱행렬 $AB$의 열벡터는 $AB^1, \cdots, AB^r$이고 행벡터는 $A_1B, \cdots, A_mB$임을 보여라.

15. 정사각행렬 $A \in M_{n\times n}$가 $AA^t = I$일 때, 직교행렬(orthogonal matrix)이라 한다. 모든 직교행렬은 항상 가역행렬임을 보여라. 즉, $AA^\intercal = I$이면 $A^\intercal A = I$임을 보여라.

16. 다음 행렬을 대칭행렬과 교대행렬의 합으로 표시하여라.

(1) $\begin{pmatrix} 1 & 2 & 0 \\ -1 & 0 & 1 \\ 4 & 5 & 6 \end{pmatrix}$ (2) $\begin{pmatrix} 1 & 2 & 3 \\ 0 & 1 & 1 \\ -1 & 2 & 4 \end{pmatrix}$ (3) $\begin{pmatrix} 2 & 3 & 4 \\ 0 & 5 & 6 \\ 0 & 1 & 1 \end{pmatrix}$

17. 다음 주어진 행렬의 역행렬이 존재하면 그 역행렬을 구하여라.

(1) $\begin{pmatrix} 3 & 2 \\ 5 & 4 \end{pmatrix}$ (2) $\begin{pmatrix} 3 & 6 \\ 1 & 2 \end{pmatrix}$ (3) $\begin{pmatrix} \cos\theta & -\sin\theta \\ \sin\theta & \cos\theta \end{pmatrix}$

18. 항등행렬이 아니면서 $A^2 = I$가 되는 $2 \times 2$ 행렬의 예를 가능한 한 많이 들어라.

19. 항등행렬이 아니면서 $A^2 = A$가 되는 $2 \times 2$ 행렬의 예를 가능한한 많이 들어라.

20. 정리 1.26을 증명하여라.

21. 정리 1.32를 증명하여라.

22. 주위에서 행렬로 표현할 수 있는 사례를 들어라.

# Chapter 2

# 행렬식과 역행렬

변수가 많을 경우 선형시스템의 풀이가 힘들지만 컴퓨터의 도움으로 쉽게 구할 수 있다. 컴퓨터를 사용하여 방정식을 풀려면 주어진 방정식을 나타내는 특정한 행렬의 역행렬을 계산하여야 한다.

이 장에서는 정사각행렬의 역행렬이 언제 존재하는지 알아보기로 하자. 역행렬을 구하기 위해서는 먼저 행렬식의 계산을 하여야 하므로 행렬식에 대해서도 알아보자.

## 2.1 치환과 호환

집합 $J_n = \{1, 2, \ldots, n\}$ 위의 전단사함수 $\sigma$를 치환(permutation)이라 한다. $J_n$ 위의 치환 전체의 집합을 $S_n$으로 나타낸다. $\sigma$가 전단사함수이므로 그 치역 $\{\sigma(1), \sigma(2), \ldots, \sigma(n)\}$은 집합 $\{1, 2, \ldots, n\}$와 같으며 단지 나열한 순서만이 다를 뿐이다. 따라서 $\sigma$를 아래와 같이 대응 원소를 나열하여 나타낼 수 있다.

$$\sigma = \begin{pmatrix} 1 & 2 & \cdots & n \\ \sigma(1) & \sigma(2) & \cdots & \sigma(n) \end{pmatrix}$$

집합 $J_n = \{1, 2, \ldots, n\}$ 위의 치환 $\sigma$, $\delta$가 있을 때 치환의 곱(product) 또는 합성(composition)을 함수의 합성과 같이

$$(\sigma\delta)(i) = (\sigma \circ \delta)(i) = (\sigma(\delta(i))), \quad i = 1, 2, \ldots, n$$

로 정의한다. 치환의 역함수를 역치환(inverse permutation)이라 한다.

**예 제 2.1** 집합 $\{1, 2, 3\}$ 위의 치환을 모두 구하여라.

【풀이】 $\{1, 2, 3\}$에서 $\{1, 2, 3\}$으로 가는 전단사함수는 $3! = 6$개가 있다. 이를 모두 써보면 다음과 같다.

$$\begin{pmatrix} 1 & 2 & 3 \\ 1 & 2 & 3 \end{pmatrix}, \quad \begin{pmatrix} 1 & 2 & 3 \\ 2 & 3 & 1 \end{pmatrix}, \quad \begin{pmatrix} 1 & 2 & 3 \\ 3 & 1 & 2 \end{pmatrix},$$

$$\begin{pmatrix} 1 & 2 & 3 \\ 1 & 3 & 2 \end{pmatrix}, \quad \begin{pmatrix} 1 & 2 & 3 \\ 3 & 2 & 1 \end{pmatrix}, \quad \begin{pmatrix} 1 & 2 & 3 \\ 2 & 1 & 3 \end{pmatrix}.$$

□

**예 제** **2.2** 다음 치환의 합성을 계산하고 교환법칙이 성립하는지 알아보아라.

$$\sigma = \begin{pmatrix} 1 & 2 & 3 & 4 & 5 \\ 3 & 1 & 4 & 5 & 2 \end{pmatrix}, \qquad \delta = \begin{pmatrix} 1 & 2 & 3 & 4 & 5 \\ 4 & 1 & 5 & 3 & 2 \end{pmatrix}$$

【풀이】 치환의 합성 $\delta\sigma$와 $\sigma\delta$을 각각 구하면

$$\delta\sigma = \begin{pmatrix} 1 & 2 & 3 & 4 & 5 \\ 4 & 1 & 5 & 3 & 2 \end{pmatrix} \begin{pmatrix} 1 & 2 & 3 & 4 & 5 \\ 3 & 1 & 4 & 5 & 2 \end{pmatrix} = \begin{pmatrix} 1 & 2 & 3 & 4 & 5 \\ 5 & 4 & 3 & 2 & 1 \end{pmatrix},$$

$$\sigma\delta = \begin{pmatrix} 1 & 2 & 3 & 4 & 5 \\ 3 & 1 & 4 & 5 & 2 \end{pmatrix} \begin{pmatrix} 1 & 2 & 3 & 4 & 5 \\ 4 & 1 & 5 & 3 & 2 \end{pmatrix} = \begin{pmatrix} 1 & 2 & 3 & 4 & 5 \\ 5 & 3 & 2 & 4 & 1 \end{pmatrix}$$

이다. 따라서 치환의 합성은 교환법칙이 성립하지 않음을 알 수 있다. □

치환을 좀 더 간단히 표시하는 방법에 대해 알아보자. $i_1, i_2, \ldots, i_r \in J_n$ $(r \leq n)$이 서로 다른 정수로서 치환 $\sigma$가

$$\sigma(i_1) = i_2, \quad \sigma(i_2) = i_3, \quad \ldots, \quad \sigma(i_{r-1}) = i_r, \quad \sigma(i_r) = i_1$$

즉 $i_1 \to i_2 \to \cdots \to i_{r-1} \to i_r \to i_1$이고 $i_1, i_2, \ldots, i_r$을 제외한 $J_n$의 정수는 치환 $\sigma$에 의하여 변하지 않을 때, 이 치환 $\sigma$를 길이가 $r$인 순환치환(cycle permutation)이라 한다. 길이가 $r$인 순환치환을

$$\sigma = (i_1 \ i_2 \ \cdots \ i_{r-1} \ i_r)$$

로 나타낸다. 항등치환은 길이가 1인 순환치환이며, 이를 1로 나타낸다.

**예 제** **2.3** 다음 치환을 순환치환으로 나타내어라.

(1) $\sigma = \begin{pmatrix} 1 & 2 & 3 & 4 & 5 & 6 & 7 \\ 2 & 1 & 3 & 4 & 6 & 5 & 7 \end{pmatrix}$ (2) $\delta = \begin{pmatrix} 1 & 2 & 3 & 4 & 5 & 6 \\ 1 & 2 & 5 & 3 & 4 & 6 \end{pmatrix}$

【풀이】

(1) 3, 4, 7은 변하지 않고 $1 \leftrightarrow 2$, $5 \leftrightarrow 6$이므로 순환치환으로 나타내면 $\sigma = (5\ 6)(1\ 2) = (1\ 2)(5\ 6)$이다.

(2) 1, 2, 6은 변하지 않고 $3 \to 5 \to 4 \to 3$이므로 순환치환으로 나타내면 $\delta = (3\ 5\ 4)$이다.

□

**예** **2.4** 위 예제 2.1의 치환은 각각 1, (1 2 3), (1 3 2), (2 3), (1 3), (1 2)로 표시할 수 있다.

길이가 2인 순환치환을 호환(transposition)이라 한다. 숫자 $i$와 $j$만이 서로 바뀌고 나머지 숫자는 변하지 않는 호환을 $(i\ j)$로 나타낸다. 호환 $(i\ j)$의 역치환은 $(i\ j)$이고, $(i\ j)(i\ j) = 1$이다. 순환치환 $(i_1\ i_2\ \cdots\ i_{r-1}\ i_r)$는

$$(i_1\ \ i_2\ \ \cdots\ \ i_{r-1}\ \ i_r) = (i_1\ \ i_r)(i_1\ \ i_{r-1})\ \cdots\ (i_1\ \ i_2)$$

과같이 호환의 곱으로 표시할 수 있다.

**예 제** **2.5** 다음 치환을 호환의 곱으로 나타내어라.

$$\sigma = \begin{pmatrix} 1 & 2 & 3 & 4 \\ 4 & 1 & 3 & 2 \end{pmatrix}, \qquad \delta = \begin{pmatrix} 1 & 2 & 3 & 4 & 5 & 6 \\ 2 & 4 & 1 & 3 & 6 & 5 \end{pmatrix}$$

【풀이】 $\sigma = (1\ 4\ 2) = (1\ 2)(1\ 4)$. 또는 $\sigma = (1\ 4\ 2) = (4\ 2\ 1) = (4\ 1)(4\ 2)$로 나타낼 수 있다. 또는 $\sigma = (1\ 4\ 2) = (2\ 1\ 4) = (2\ 4)(2\ 1)$로 나타낼 수 있다.

치환 $\delta$를 순환치환의 곱으로 표시하면 $\delta = (1\ 2\ 4\ 3)(5\ 6)$ 이고 이것을 호환의 곱으로 표시하면 $\delta = (1\ 3)(1\ 4)(1\ 2)(5\ 6)$. 또는 $\delta = (1\ 2\ 4\ 3)(5\ 6) = (2\ 4\ 3\ 1)(5\ 6) = (2\ 1)(2\ 3)(2\ 4)(5\ 6)$와 같이 여러 가지 방법으로 나타낼 수 있다. □

위의 예제에서 본 바와 같이 모든 치환은 호환의 곱으로 표시된다. 그리고 짝수 개의 호환의 곱으로 표시되는 치환은 어떻게 표시하더라도 항상 짝수 개의 호환의 곱으로만 표시된다. 홀수 개인 경우도 마찬가지이다. 이와 같이 짝수 개의 호환의 곱으로 표시되는 치환을 짝치환(even permutation)이라 하고, 홀수 개의 호환의 곱으로 표시되는 치환을 홀치환(odd permutation)이라 한다. 항등치환 1은 짝치환으로 간주한다.

**예 제 2.6** 예제 2.1 의 치환을 짝치환과 홀치환으로 분류하여라.

【풀이】 짝치환은

$$\begin{pmatrix} 1 & 2 & 3 \\ 1 & 2 & 3 \end{pmatrix} = 1, \qquad \begin{pmatrix} 1 & 2 & 3 \\ 2 & 3 & 1 \end{pmatrix} = (1\ 2\ 3) = (1\ 3)(1\ 2),$$

$$\begin{pmatrix} 1 & 2 & 3 \\ 3 & 1 & 2 \end{pmatrix} = (1\ 3\ 2) = (1\ 2)(1\ 3)$$

이고, 홀치환은

$$\begin{pmatrix} 1 & 2 & 3 \\ 1 & 3 & 2 \end{pmatrix} = (2\ 3), \quad \begin{pmatrix} 1 & 2 & 3 \\ 3 & 2 & 1 \end{pmatrix} = (1\ 3), \quad \begin{pmatrix} 1 & 2 & 3 \\ 2 & 1 & 3 \end{pmatrix} = (1\ 2)$$

이다. □

## 2.2 행렬식의 정의와 성질

$J_n = \{1, 2, \ldots, n\}$ 위의 치환 전체의 집합 $S_n$ 에서 집합 $\{1, -1\}$ 로 가는 함수를 아래와 같이 정의한다.

$$\text{sgn} : S_n \longrightarrow \{1, -1\}$$

$$\text{sgn}(\sigma) = \begin{cases} 1, & \sigma \text{가 짝치환일 때} \\ -1, & \sigma \text{가 홀치환일 때} \end{cases}$$

이 함수를 부호함수(sign map)라 하고, $\text{sgn}(\sigma)$를 $\sigma$의 부호라 한다. 부호함수에 대해 다음 성질이 성립한다.

(1) 항등치환 1에 대하여 $\text{sgn}(\sigma) = 1$.

(2) $\sigma$가 호환이면 $\text{sgn}(\sigma) = -1$.

(3) 치환 $\sigma$의 역치환 $\sigma^{-1}$에 대하여 $\text{sgn}(\sigma) = \text{sgn}(\sigma^{-1})$.

(4) 치환 $\sigma, \delta$에 대하여 $\text{sgn}(\sigma\delta) = \text{sgn}(\sigma)\,\text{sgn}(\delta)$.

---

**정 의 2.7** 행렬 $A = \left(a_{ij}\right) \in M_{n\times n}$에 대하여

$$\sum_{\sigma\in S_n} \text{sgn}(\sigma)\, a_{1\sigma(1)}\, a_{2\sigma(2)} \cdots a_{n\sigma(n)}$$

을 행렬 $A$의 행렬식(determinant)이라 하며 $\det A$ 또는 $|A|$로

나타낸다. 즉, 행렬 $A = \left(a_{ij}\right) \in M_{n\times n}$의 행렬식은

$$\det A = \begin{vmatrix} a_{11} & a_{12} & \cdots & a_{1n} \\ a_{21} & a_{22} & \cdots & a_{2n} \\ \vdots & \vdots & & \vdots \\ a_{n1} & a_{n2} & \cdots & a_{nn} \end{vmatrix} = \sum_{\sigma\in S_n} \operatorname{sgn}(\sigma)\, a_{1\sigma(1)}\, a_{2\sigma(2)} \cdots a_{n\sigma(n)}$$

로 정의된다.

---

**예 2.8** 행렬식의 정의로부터 1차 정사각행렬 $A = \left(a_{11}\right)$에 대하여 $\det A = a_{11}$이다.

**예제 2.9** 2차 정사각행렬 $A = \begin{pmatrix} a_{11} & a_{12} \\ a_{21} & a_{22} \end{pmatrix}$의 행렬식을 구하여라.

【풀이】 $S_2 = \left\{1,\ \begin{pmatrix} 1 & 2 \\ 2 & 1 \end{pmatrix}\right\} = \{1,\ (1\ 2)\}$에 대해 부호함수의 값을 구하면,

$\operatorname{sgn}(1) = 1$, $\operatorname{sgn}((1\ 2)) = -1$이므로 행렬 $A$의 행렬식은

$$\det A = \begin{vmatrix} a_{11} & a_{12} \\ a_{21} & a_{22} \end{vmatrix} = \operatorname{sgn}(1)\, a_{11}a_{22} + \operatorname{sgn}((1\ 2))\, a_{12}a_{21} = a_{11}a_{22} - a_{12}a_{21}$$

이다. □

**예제 2.10** 행렬식의 정의를 이용하여 3차 정사각행렬 $A = \left(a_{ij}\right)$의 행렬식을 구하여라.

【풀이】 $S_3 = \{1,\ (1\ 2\ 3),\ (1\ 3\ 2),\ (2\ 3),\ (1\ 3),\ (1\ 2)\}$이므로

$$\begin{aligned}\det A &= \sum_{\sigma\in S_3} \operatorname{sgn}(\sigma)\, a_{1\sigma(1)}\, a_{2\sigma(2)}\, a_{3\sigma(3)} \\ &= a_{11}\,a_{22}\,a_{33} + a_{12}\,a_{23}\,a_{31} + a_{13}\,a_{21}\,a_{32} \\ &\quad - a_{11}\,a_{23}\,a_{32} - a_{13}\,a_{22}\,a_{31} - a_{12}\,a_{21}\,a_{33}\end{aligned}$$

이다. □

2차 및 3차 정사각행렬의 행렬식은 그림 2.1 에서와 같이 얻을 수도 있는데 이를 사루스 법칙(Sarrus rule)이라 한다. 사루스 법칙은 2차 및 3차 정사각행렬의 행렬식을 얻는데 효과적이다. 그러나 4차 이상의 정사각행렬에 대한 행렬식을 얻는 데에는 적용되지 않는다.

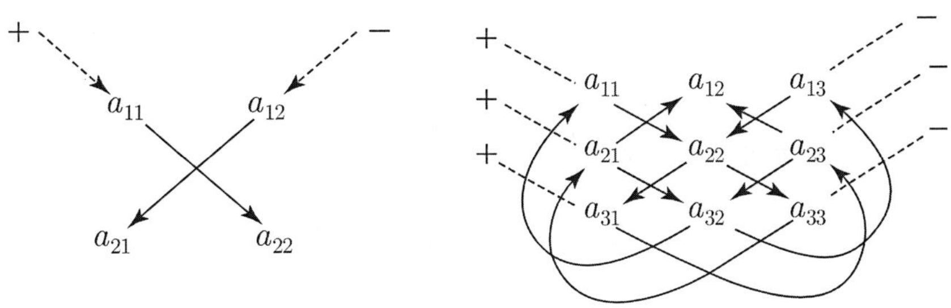


그림 2.1: 사루스 법칙

**예 제 2.11** 예제 2.9와 2.10에서 행렬식의 정의에 따라 2차 및 3차 정사각행렬의 행렬식을 계산해 보았다. 이 결과를 이용하여 다음 행렬의 행렬식을 계산하고, 그 결과를 사루스 법칙을 이용하여 구한 결과와 비교해 보아라.

(1) $A = \begin{pmatrix} 1 & -1 \\ 0 & 1 \end{pmatrix}$ (2) $B = \begin{pmatrix} 1 & 4 & -7 \\ 2 & 5 & 8 \\ 3 & -6 & 9 \end{pmatrix}$

【풀이】

(1) $|A| = 1 \cdot 1 - (-1) \cdot 0 = 1$로서 정의에 의해 구한 결과와 사루스 법칙에 의해 구한 결과가 일치한다.

(2) 정의에 의해 행렬식을 구하면

$$|B| = 1{\cdot}5{\cdot}9 + 4{\cdot}8{\cdot}3 + (-7){\cdot}2{\cdot}(-6) - 1{\cdot}8{\cdot}(-6) - (-7){\cdot}5{\cdot}(-3) - 4{\cdot}2{\cdot}9 = 306$$

이고, 사루스 법칙으로 행렬식을 구하면

$$|B| = 1{\cdot}5{\cdot}9 + 2{\cdot}(-6){\cdot}(-7) + 3{\cdot}4{\cdot}8 - (-7){\cdot}5{\cdot}3 - 8{\cdot}(-6){\cdot}1 - 9{\cdot}4{\cdot}2 = 306$$

로서 두 결과가 일치한다.

□

**정 리** **2.12** 행렬 $A \in M_{n\times n}$의 행렬식과 전치행렬 $A^{\mathsf{T}}$의 행렬식은 같다. 즉, $|A| = |A^{\mathsf{T}}|$이다.

【증명】 연습문제. □

**참 고** **2.13** 위 정리에 의해, 행렬식에서는 행에 대한 모든 성질이 열에 대해서도 성립한다는 것을 알 수 있다.

**예 제** **2.14** 다음 행렬 $A$, $B$에서 $|A| = |A^{\mathsf{T}}|$, $|B| = |B^{\mathsf{T}}|$가 성립함을 보여라.

$$A = \begin{pmatrix} 1 & 2 \\ 0 & -1 \end{pmatrix}, \qquad B = \begin{pmatrix} 1 & 2 & 3 \\ 2 & 1 & 1 \\ 3 & 3 & 2 \end{pmatrix}$$

【풀이】 주어진 행렬 $A$에 대하여

$$|A| = \begin{vmatrix} 1 & 2 \\ 0 & -1 \end{vmatrix} = -1, \qquad |A^{\mathsf{T}}| = \begin{vmatrix} 1 & 0 \\ 2 & -1 \end{vmatrix} = -1$$

이므로 $|A| = |A^{\mathsf{T}}|$이 성립한다. 또한 행렬 $B$에 대하여

$$|B| = \begin{vmatrix} 1 & 2 & 3 \\ 2 & 1 & 1 \\ 3 & 3 & 2 \end{vmatrix} = 6, \qquad |B^{\mathsf{T}}| = \begin{vmatrix} 1 & 2 & 3 \\ 2 & 1 & 3 \\ 3 & 1 & 2 \end{vmatrix} = 6$$

이므로 $|B| = |B^{\mathsf{T}}|$이 성립한다. □

**정 리** **2.15** 행렬 $A = \left(a_{ij}\right) \in M_{n\times n}$가 삼각행렬일 때 $A$의 행렬식은 주대각성분의 곱과 같다. 즉, $|A| = a_{11}\, a_{22} \cdots a_{nn}$이다.

【증명】 연습문제. □

**예 제** **2.16** 아래 행렬에 대해 행렬식을 계산하여라.

$$A = \begin{pmatrix} 1 & 2 & 3 \\ 0 & 1 & 1 \\ 0 & 0 & 2 \end{pmatrix}, \qquad B = \begin{pmatrix} 2 & 0 & 0 & 0 \\ 2 & 1 & 0 & 0 \\ 4 & 7 & 3 & 0 \\ 5 & 1 & 6 & 4 \end{pmatrix}$$

【풀이】 삼각행렬이므로 주대각성분의 곱이 행렬식이 된다. 따라서 각 행렬의 행렬식은 $|A| = 1 \cdot 1 \cdot 2 = 2$, $|B| = 2 \cdot 1 \cdot 3 \cdot 4 = 24$이다. □

**정 리** **2.17** [행렬식의 성질]

(1) 한 개의 행(또는 열)에 $\alpha$배를 한 행렬식은 원래 행렬식의 $\alpha$배와 같다.

(2) 두 개의 행(또는 열)을 교환한 행렬식은 원래 행렬식에서 부호만 변한다

(3) 한 행(또는 열)에 $\alpha$배를 하여 다른 행(또는 열)에 더하여 만든 행렬식은 원래 행렬식과 같다.

【증명】 연습문제. □

위 행렬식의 성질을 써서 주어진 행렬을 삼각행렬로 변환시키면 행렬식을 쉽게 구할 수 있다.

**예 제** **2.18** 행렬식의 성질을 이용하여 다음 행렬식을 구하여라.

(1) $\begin{vmatrix} 2 & 1 & 3 \\ 4 & 2 & 1 \\ 6 & -3 & 4 \end{vmatrix}$ (2) $\begin{vmatrix} 1 & 1 & 1 \\ a & b & c \\ a^2 & b^2 & c^2 \end{vmatrix}$

【풀이】

(1) $$\begin{vmatrix} 2 & 1 & 3 \\ 4 & 2 & 1 \\ 6 & -3 & 4 \end{vmatrix} = \begin{vmatrix} 2 & 1 & 3 \\ 4-4 & 2-2 & 1-6 \\ 6 & -3 & 4 \end{vmatrix} = \begin{vmatrix} 2 & 1 & 3 \\ 0 & 0 & -5 \\ 6 & -3 & 4 \end{vmatrix}$$

$$= \begin{vmatrix} 2 & 1 & 3 \\ 0 & 0 & -5 \\ 6-6 & -3-3 & 4-9 \end{vmatrix} = \begin{vmatrix} 2 & 1 & 3 \\ 0 & 0 & -5 \\ 0 & -6 & -5 \end{vmatrix} = (-1)\begin{vmatrix} 2 & 1 & 3 \\ 0 & -6 & -5 \\ 0 & 0 & -5 \end{vmatrix}$$

$$= -2 \cdot (-6) \cdot (-5) = -60.$$

(2) $$\begin{vmatrix} 1 & 1 & 1 \\ a & b & c \\ a^2 & b^2 & c^2 \end{vmatrix} = \begin{vmatrix} 1 & 1-1 & 1-1 \\ a & b-a & c-a \\ a^2 & b^2-a^2 & c^2-a^2 \end{vmatrix} \quad (\because 2\text{열} - 1\text{열},\ 3\text{열} - 1\text{열})$$

$$= \begin{vmatrix} 1 & 0 & 0 \\ a & b-a & c-a \\ a^2 & (b+a)(b-a) & (c+a)(c-a) \end{vmatrix} \quad (\because \text{인수분해})$$

$$= (b-a)(c-a)\begin{vmatrix} 1 & 0 & 0 \\ a & 1 & 1 \\ a^2 & a+b & a+c \end{vmatrix} \quad (\because 2\text{열}/(b-a),\ 3\text{열}/(c-a))$$

$$= (b-a)(c-a)\begin{vmatrix} 1 & 0 & 0 \\ a & 1 & 0 \\ a^2 & a+b & c-b \end{vmatrix} \quad (\because 3\text{열} - 2\text{열})$$

$$= (b-a)(c-a)(c-b) \quad (\because \text{삼각행렬})$$

$$= (a-b)(b-c)(c-a).$$

□

**정 리 2.19** 행렬 $A = (a_{ij}), B = (b_{ij}) \in M_{n\times n}$의 곱 $AB$에 대해 $|AB| = |A||B|$이다.

【증명】 생략. □

**예 제 2.20** 다음 행렬 $A, B$에 대하여 $|AB| = |A||B|$임을 보여라.

(1) $A = \begin{pmatrix} 1 & 2 \\ 3 & 0 \end{pmatrix}$, B= $\begin{pmatrix} -1 & 0 \\ 1 & 2 \end{pmatrix}$

$$(2)\ A = \begin{pmatrix} -2 & 0 & 1 \\ 1 & 0 & -1 \\ 1 & 1 & -1 \end{pmatrix}, \qquad B = \begin{pmatrix} 1 & -1 & 1 \\ 0 & 1 & 1 \\ 1 & 0 & 1 \end{pmatrix}$$

【풀이】 (1) $|A| = -6, |B| = -2$이고

$$|AB| = \left| \begin{pmatrix} 1 & 2 \\ 3 & 0 \end{pmatrix} \begin{pmatrix} -1 & 0 \\ 1 & 2 \end{pmatrix} \right| = \begin{vmatrix} 1 & 4 \\ -3 & 0 \end{vmatrix} = 12.$$

따라서 $|AB| = |A||B|$.

(2) $|A| = -1, |B| = 1$이고

$$|AB| = \left| \begin{pmatrix} -2 & 0 & 1 \\ 1 & 0 & -1 \\ 1 & 1 & -1 \end{pmatrix} \begin{pmatrix} 1 & -1 & 1 \\ 0 & 1 & 1 \\ 1 & 0 & 1 \end{pmatrix} \right| = \begin{vmatrix} 1 & 2 & -1 \\ 0 & -1 & 0 \\ 0 & 0 & 1 \end{vmatrix} = -1.$$

따라서 $|AB| = |A||B|$. □

## 2.3 수반행렬과 여인수 전개

이 절에서는 $n$차 정사각행렬 $A = \left(a_{ij}\right)$의 역행렬이 언제 존재하는지 확인하고, 만일 존재할 경우 어떻게 역행렬을 구할 수 있는지 알아보자.

행렬 $A = \left(a_{ij}\right) \in M_{n\times n}$에서 $a_{ij}$가 속한 행과 열을 제거한 나머지 성분으로 이루어진 $n-1$차 행렬식을 $a_{ij}$에 대한 **소행렬식**(minor)이라 하고 $M_{ij}$로 나타낸다.

$$M_{ij} = \begin{vmatrix} a_{11} & \cdots & a_{1j-1} & a_{1j+1} & \cdots & a_{1n} \\ \vdots & & \vdots & \vdots & & \vdots \\ a_{i-11} & \cdots & a_{i-1j-1} & a_{i-1j+1} & \cdots & a_{i-1n} \\ a_{i+11} & \cdots & a_{i+1j-1} & a_{i+1j+1} & \cdots & a_{i+1n} \\ \vdots & & \vdots & \vdots & & \vdots \\ a_{n1} & \cdots & a_{nj-1} & a_{nj+1} & \cdots & a_{nn} \end{vmatrix}$$

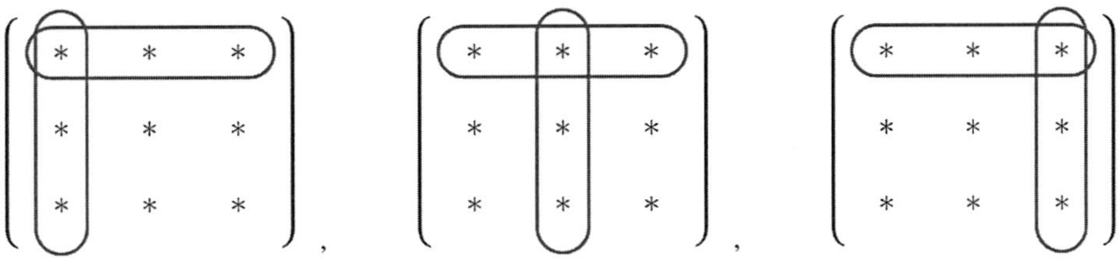

그림 2.2:

소행렬식에 부호를 곱한 수

$$A_{ij} = (-1)^{i+j} M_{ij}$$

를 $a_{ij}$의 **여인수**(cofactor)라 한다. 여인수 $A_{ij}$를 $ji-$성분으로 갖는 행렬을

수반행렬(adjoint matrix)이라 하고 adj $A$로 나타낸다. 즉,

$$\operatorname{adj} A = \left(A_{ij}\right)^{\mathsf{T}} = \begin{pmatrix} A_{11} & A_{21} & \cdots & A_{n1} \\ A_{12} & A_{22} & \cdots & A_{n2} \\ \vdots & \vdots & & \vdots \\ A_{1n} & A_{2n} & \cdots & A_{nn} \end{pmatrix}.$$

**예 제** **2.21** 다음 행렬 $A$의 소행렬식, 여인수, 수반행렬을 구하여라.

$$A = \begin{pmatrix} 1 & 2 & 3 \\ 4 & 5 & 6 \\ 7 & 8 & 9 \end{pmatrix}$$

【풀이】 $A$의 소행렬식은

$$M_{11} = \begin{vmatrix} 5 & 6 \\ 8 & 9 \end{vmatrix} = -3, \quad M_{12} = \begin{vmatrix} 4 & 6 \\ 7 & 9 \end{vmatrix} = -6, \quad M_{13} = \begin{vmatrix} 4 & 5 \\ 7 & 8 \end{vmatrix} = -3,$$

$$M_{21} = \begin{vmatrix} 2 & 3 \\ 8 & 9 \end{vmatrix} = -6, \quad M_{22} = \begin{vmatrix} 1 & 3 \\ 7 & 9 \end{vmatrix} = -12, \quad M_{23} = \begin{vmatrix} 1 & 2 \\ 7 & 8 \end{vmatrix} = -6,$$

$$M_{31} = \begin{vmatrix} 2 & 3 \\ 5 & 6 \end{vmatrix} = -3, \quad M_{32} = \begin{vmatrix} 1 & 3 \\ 4 & 6 \end{vmatrix} = -6, \quad M_{33} = \begin{vmatrix} 1 & 2 \\ 4 & 5 \end{vmatrix} = -3$$

이고, $A$의 여인수는

$$\begin{aligned} &A_{11} = M_{11} = -3, && A_{12} = -M_{12} = 6, && A_{13} = M_{13} = -3, \\ &A_{21} = -M_{21} = 6, && A_{22} = M_{22} = -12, && A_{23} = -M_{23} = 6, \\ &A_{31} = M_{31} = -3, && A_{32} = -M_{32} = 6, && A_{33} = M_{33} = -3 \end{aligned}$$

이다. 따라서 수반행렬은

$$\operatorname{adj} A = \begin{pmatrix} -3 & 6 & -3 \\ 6 & -12 & 6 \\ -3 & 6 & -3 \end{pmatrix}$$

이다. □

여인수를 사용하면 모든 $n$차 정사각행렬의 행렬식을 다음과 같이 여인수의 곱으로 나타낼 수 있다.

**정 리 2.22** [여인수 전개]
정사각행렬 $A = \left(a_{ij}\right) \in M_{n \times n}$의 행렬식은 아래와 같이 전개된다.

$$|A| = a_{i1}A_{i1} + a_{i2}A_{i2} + \cdots + a_{in}A_{in}, \ \ 1 \le i \le n \ \ \text{[행에 관한 전개]}$$

$$|A| = a_{1j}A_{1j} + a_{2j}A_{2j} + \cdots + a_{nj}A_{nj}, \ \ 1 \le j \le n \ \text{[열에 관한 전개]}$$

【증명】 생략. □

**예 제 2.23** 행렬 $A = \begin{pmatrix} 1 & 2 & 3 \\ 4 & 5 & 0 \\ 0 & 1 & 2 \end{pmatrix}$에 대해 정리 2.22가 성립함을 보여라.

【풀이】 행렬 $A$의 행렬식은 6이다. $A$의 여인수 중에서 $A_{11} = 10$, $A_{12} = -8$, $A_{13} = 4$이다. 따라서 1행 전개에 따른 행렬식은

$$a_{11}A_{11} + a_{12}A_{12} + a_{13}A_{13} = 1 \cdot 10 + 2 \cdot (-8) + 3 \cdot 4 = 6 = |A|$$

으로 정리 2.22가 성립한다. 같은 방법으로 2행, 3행에 대하여 전개하여도 정리 2.22가 성립함을 확인할 수 있다. 또한 열에 관한 전개에서도 마찬가지 사실을 얻을 수 있다. □

**예 제** **2.24** 여인수로 전개하여 다음 행렬식의 값을 구하여라.

(1) $\begin{vmatrix} 2 & 8 & 7 \\ 1 & 1 & 2 \\ -3 & 5 & 1 \end{vmatrix}$ (2) $\begin{vmatrix} 1 & x & 1 \\ 1 & x & x \\ x & x & 1 \end{vmatrix}$

【풀이】

(1) $$\begin{vmatrix} 2 & 8 & 7 \\ 1 & 1 & 2 \\ -3 & 5 & 1 \end{vmatrix} = 2 \cdot \begin{vmatrix} 1 & 2 \\ 5 & 1 \end{vmatrix} - 8 \cdot \begin{vmatrix} 1 & 2 \\ -3 & 1 \end{vmatrix} + 7 \cdot \begin{vmatrix} 1 & 1 \\ -3 & 5 \end{vmatrix} = -18\,.$$

(2) $$\begin{aligned} \begin{vmatrix} 1 & x & 1 \\ 1 & x & x \\ x & x & 1 \end{vmatrix} &= 1 \cdot \begin{vmatrix} x & x \\ x & 1 \end{vmatrix} - x \cdot \begin{vmatrix} 1 & x \\ x & 1 \end{vmatrix} + 1 \cdot \begin{vmatrix} 1 & x \\ x & x \end{vmatrix} \\ &= (x - x^2) - x(1 - x^2) + (x - x^2) \\ &= (1 - x)(x - x^2) \\ &= x(1 - x)^2\,. \end{aligned}$$

□

앞에서 여인수 전개를 사용하여 3차 정사각행렬 $A = \left(a_{ij}\right)$ 의 행렬식은

$$|A| = a_{11}A_{11} + a_{12}A_{12} + a_{13}A_{13},$$

$$|A| = a_{21}A_{21} + a_{22}A_{22} + a_{23}A_{23},$$

$$|A| = a_{31}A_{31} + a_{32}A_{32} + a_{33}A_{33}$$

과 같이 표현된다는 것을 알아보았다. 위 식들은 전개식 $\sum_{j=1}^{3} a_{ij}A_{kj}$ $(i, k = 1, 2, 3)$ 에서 $i = k$ 이면 $\sum_{j=1}^{3} a_{ij}A_{ij} = |A|$ 임을 나타낸다. 이 전개식에서 $i \neq k$ 일 때를 생각해 보자. 예를 들어 $i = 1$ 이고 $k = 2$ 이면

$$\begin{aligned}\sum_{j=1}^{3} a_{1j}A_{2j} &= a_{11}A_{21} + a_{12}A_{22} + a_{13}A_{23} \\ &= a_{11}((-1)^{2+1}M_{21}) + a_{12}((-1)^{2+2}M_{22}) + a_{13}((-1)^{2+3}M_{23}) \\ &= -a_{11}\begin{vmatrix} a_{12} & a_{13} \\ a_{32} & a_{33} \end{vmatrix} + a_{12}\begin{vmatrix} a_{11} & a_{13} \\ a_{31} & a_{33} \end{vmatrix} - a_{13}\begin{vmatrix} a_{11} & a_{12} \\ a_{31} & a_{32} \end{vmatrix} \\ &= 0\end{aligned}$$

이다. 나머지 경우에 대해서도 $i \neq k$ 이면 $\sum_{j=1}^{3} a_{ij}A_{kj} = 0$ 임을 알 수 있다. 일반적으로 $n$ 차 정사각행렬에서도 이와 같은 성질이 성립한다.

**정 리 2.25** 행렬 $A = \left(a_{ij}\right) \in M_{n\times n}$ 에서 다음의 전개식이 성립한다.

$$\sum_{j=1}^{n} a_{ij}A_{kj} = \begin{cases} |A|, & i = k \text{일 때} \\ 0, & i \neq k \text{일 때} \end{cases}$$

【증명】 생략. □

**예 제 2.26** 행렬 $A = \begin{pmatrix} 1 & 2 & 3 \\ 4 & 5 & 0 \\ 0 & 1 & 2 \end{pmatrix}$ 에 대해 정리 2.25 가 성립함을 보여

라.

【풀이】 $A$의 여인수는

$$\begin{array}{lll} A_{11} = 10, & A_{12} = -8, & A_{13} = 4, \\ A_{21} = -1, & A_{22} - 2, & A_{23} = -1, \\ A_{31} = -15, & A_{32} = 12, & A_{33} = -3 \end{array}$$

이고 $|A| = 6$이다. 따라서 정리 2.25 에서 $i = k = 1$인 경우에

$$a_{11}A_{11} + a_{12}A_{12} + a_{13}A_{13} = 1 \cdot 10 + 2 \cdot (-8) + 3 \cdot 4 = 6 = |A|$$

이고, $i = k = 2$, $i = k = 3$인 경우에도 성립함을 확인 할 수 있다. 또한 $i = 1$, $k = 3$인 경우에

$$a_{11}A_{31} + a_{12}A_{32} + a_{13}A_{33} = 1 \cdot (-15) + 2 \cdot 12 + 3 \cdot (-3) = 0$$

이다. $i \neq k$인 나머지 경우에 대해서도 성립함을 확인할 수 있다. □

## 2.4 역행렬의 계산

행렬 $A = (a_{ij}) \in M_{n\times n}$의 행렬식이 0이 아닐 때, $A$를 정칙행렬(non-singular matrix)이라 하고, $|A| = 0$일 때, $A$를 특이행렬(singular matrix)이라고 한다. 앞에서 우리는 역행렬을 가지는 행렬을 가역행렬이라 정의하였다. 다음 정리에서 가역행렬과 정칙행렬이 같은 개념임을 알 수 있다.

**정 리 2.27** [역행렬] 행렬 $A = \left(a_{ij}\right) \in M_{n\times n}$가 가역행렬이기 위한 필요충분조건은 $A$가 정칙행렬이 되는 것이다. 이 때 역행렬은 아래와 같이 주어진다.

$$A^{-1} = \frac{\operatorname{adj} A}{|A|}$$

【증명】 행렬 $A$가 가역행렬이면 $AA^{-1} = A^{-1}A = I$인 $A$의 역행렬 $A^{-1}$이 단 하나 존재한다. 그런데 $|A||A^{-1}| = |AA^{-1}| = |I| = 1$이므로 $|A| \neq 0$ 즉, 정칙행렬이다.

역으로 $|A| \neq 0$이면 역행렬이 존재함을 보이자. $A$와 수반행렬 $\operatorname{adj} A$의 곱을 계산하면

$$A \operatorname{adj} A = \begin{pmatrix} a_{11} & a_{12} & \cdots & a_{1n} \\ a_{21} & a_{22} & \cdots & a_{2n} \\ \vdots & \vdots & & \vdots \\ a_{n1} & a_{n2} & \cdots & a_{nn} \end{pmatrix} \begin{pmatrix} A_{11} & A_{21} & \cdots & A_{n1} \\ A_{12} & A_{22} & \cdots & A_{n2} \\ \vdots & \vdots & & \vdots \\ A_{1n} & A_{2n} & \cdots & A_{nn} \end{pmatrix}$$

$$
= \begin{pmatrix} \sum_{k=1}^{n} a_{1k}A_{1k} & \sum_{k=1}^{n} a_{1k}A_{2k} & \cdots & \sum_{k=1}^{n} a_{1k}A_{nk} \\ \sum_{k=1}^{n} a_{2k}A_{1k} & \sum_{k=1}^{n} a_{2k}A_{2k} & \cdots & \sum_{k=1}^{n} a_{2k}A_{nk} \\ \vdots & \vdots & & \vdots \\ \sum_{k=1}^{n} a_{nk}A_{1k} & \sum_{k=1}^{n} a_{nk}A_{2k} & \cdots & \sum_{k=1}^{n} a_{nk}A_{nk} \end{pmatrix}
$$

$$
= \begin{pmatrix} |A| & 0 & \cdots & 0 \\ 0 & |A| & \cdots & 0 \\ \vdots & \vdots & & \vdots \\ 0 & 0 & \cdots & |A| \end{pmatrix} = |A| \begin{pmatrix} 1 & 0 & \cdots & 0 \\ 0 & 1 & \cdots & 0 \\ \vdots & \vdots & & \vdots \\ 0 & 0 & \cdots & 1 \end{pmatrix} = |A|I.
$$

$|A| \neq 0$이므로

$$
\frac{A \ \operatorname{adj} A}{|A|} = I, \quad \text{즉}, \quad A\left(\frac{\operatorname{adj} A}{|A|}\right) = I
$$

이다. 마찬가지로 $\left(\frac{\operatorname{adj} A}{|A|}\right) A = I$이다. 따라서 행렬 $A$의 역행렬이 존재하고 그 형태는

$$
A^{-1} = \frac{\operatorname{adj} A}{|A|}
$$

이다. □

**예 제** **2.28** 다음 행렬 $A$의 역행렬을 구하여라.

$$
A = \begin{pmatrix} 2 & 4 & 6 \\ -1 & 2 & 3 \\ 1 & 4 & 9 \end{pmatrix}
$$

【풀이】 행렬 $A$의 소행렬식을 구하면

$$M_{11} = \begin{vmatrix} 2 & 3 \\ 4 & 9 \end{vmatrix} = 6, \quad M_{12} = \begin{vmatrix} -1 & 3 \\ 1 & 9 \end{vmatrix} = -12, \quad M_{13} = \begin{vmatrix} -1 & 2 \\ 1 & 4 \end{vmatrix} = -6,$$

$$M_{21} = \begin{vmatrix} 4 & 6 \\ 4 & 9 \end{vmatrix} = 12, \quad M_{22} = \begin{vmatrix} 2 & 6 \\ 1 & 9 \end{vmatrix} = 12, \quad M_{23} = \begin{vmatrix} 2 & 4 \\ 1 & 4 \end{vmatrix} = 4,$$

$$M_{31} = \begin{vmatrix} 4 & 6 \\ 2 & 3 \end{vmatrix} = 0, \quad M_{32} = \begin{vmatrix} 2 & 6 \\ -1 & 3 \end{vmatrix} = 12, \quad M_{33} = \begin{vmatrix} 2 & 4 \\ -1 & 2 \end{vmatrix} = 8$$

이다. 이를 이용하여 여인수를 계산하면

$$A_{11} = M_{11} = 6, \quad A_{12} = -M_{12} = 12, \quad A_{13} = M_{13} = -6,$$

$$A_{21} = -M_{21} = -12, \quad A_{22} = M_{22} = 12, \quad A_{23} = -M_{23} = -4,$$

$$A_{31} = M_{31} = 0, \quad A_{32} = -M_{32} = -12, \quad A_{33} = M_{33} = 8$$

이므로 수반행렬은

$$\operatorname{adj} A = \begin{pmatrix} 6 & -12 & 0 \\ 12 & 12 & -12 \\ -6 & -4 & 8 \end{pmatrix}$$

이다. 또한 행렬식을 계산하면

$$|A| = a_{11}A_{11} + a_{12}A_{12} + a_{13}A_{13} = 2 \cdot 6 + 4 \cdot 12 + 6 \cdot (-6) = 24$$

이므로 구하려는 행렬 $A$의 역행렬은

$$A^{-1} = \frac{1}{|A|}\,\mathrm{adj}\,A = \frac{1}{24}\begin{pmatrix} 6 & -12 & 0 \\ 12 & 12 & -12 \\ -6 & -4 & 8 \end{pmatrix}$$

이다. □

**예 제** **2.29** 다음 행렬의 역행렬을 구하여라.

(1) $A = \begin{pmatrix} 1 & 1 & 0 \\ 1 & 1 & 1 \\ 0 & 2 & 1 \end{pmatrix}$ (2) $B = \begin{pmatrix} 1 & 0 & 1 \\ 2 & 1 & 2 \\ 0 & 4 & 6 \end{pmatrix}$

【풀이】

(1) 주어진 행렬 $A$에 대하여 $|A| = -2$이고, 수반행렬과 이를 이용한 역행렬은 각각

$$\mathrm{adj}\,A = \begin{pmatrix} -1 & -1 & 1 \\ -1 & 1 & -1 \\ 2 & -2 & 0 \end{pmatrix}, \qquad A^{-1} = \frac{\mathrm{adj}\,A}{|A|} = \begin{pmatrix} \frac{1}{2} & \frac{1}{2} & -\frac{1}{2} \\ \frac{1}{2} & -\frac{1}{2} & \frac{1}{2} \\ -1 & 1 & 0 \end{pmatrix}$$

이다.

(2) 주어진 행렬 $B$에 대하여 $|B| = 6$이고, 수반행렬과 이를 이용한 역행렬은 각각

$$\mathrm{adj}\,B = \begin{pmatrix} -2 & 4 & -1 \\ -12 & 6 & 0 \\ 8 & -4 & 1 \end{pmatrix}, \quad B^{-1} = \frac{\mathrm{adj}\,B}{|B|} = \frac{1}{6}\begin{pmatrix} -2 & 4 & -1 \\ -12 & 6 & 0 \\ 8 & -4 & 1 \end{pmatrix}$$

이다.

□

**예** **2.30** 행렬과 역행렬은 암호이론에도 응용된다. 암호는 코드화된 메시지를 주고받는데, 일반적인 방법은 각 문자에 해당하는 정수 값의 수열 (string)로 보내는 것이다. 예를 들어 "EMERGENCY"라는 메시지는

$$5, 7, 5, 8, 3, 5, 11, 13, 10$$

과 같이 코드화 될 수 있다. 여기서 E는 5에 해당하고 Y는 10에 해당된다. 그런데 이런 형식의 수열은 해독하기가 비교적 쉬우므로 행렬의 곱을 이용하여 암호화하는 것이 좋다. 앞의 메시지를 다음 행렬

$$A = \begin{pmatrix} 1 & 1 & 0 \\ 1 & 1 & 1 \\ 0 & 2 & 1 \end{pmatrix}$$

와의 곱으로 변환시키면 해독하기가 매우 어렵게 된다.

주어진 원래의 메시지(EMERGENCY)의 코드 수열을 차례로 성분에 적으면 행렬 $B$와 같다.

$$B = \begin{pmatrix} 5 & 7 & 5 \\ 8 & 3 & 5 \\ 11 & 13 & 10 \end{pmatrix}$$

암호화를 위해 행렬 $A$에 메시지 행렬 $B$를 곱하면

$$AB = \begin{pmatrix} 1 & 1 & 0 \\ 1 & 1 & 1 \\ 0 & 2 & 1 \end{pmatrix} \begin{pmatrix} 5 & 7 & 5 \\ 8 & 3 & 5 \\ 11 & 13 & 10 \end{pmatrix} = \begin{pmatrix} 13 & 10 & 10 \\ 24 & 23 & 20 \\ 27 & 19 & 20 \end{pmatrix}$$

따라서 행렬에 의해 암호화된 메시지는

$$13, 10, 10, 24, 23, 20, 27, 19, 20$$

이 되며, 이 수열을 상대방에게 전송하면 된다. 이 메지지를 받은 수신인은 미리 약속된 $A$의 역행렬 $A^{-1}$에 수신된 메시지 행렬 $C$를 곱해서 원래 메시지를 해독할 수 있다. 즉,

$$A^{-1}C = \begin{pmatrix} \frac{1}{2} & \frac{1}{2} & -\frac{1}{2} \\ \frac{1}{2} & -\frac{1}{2} & \frac{1}{2} \\ -1 & 1 & 0 \end{pmatrix} \begin{pmatrix} 13 & 10 & 10 \\ 24 & 23 & 20 \\ 27 & 19 & 20 \end{pmatrix} = \begin{pmatrix} 5 & 7 & 5 \\ 8 & 3 & 5 \\ 11 & 13 & 10 \end{pmatrix}$$

이제 숫자열

$$5, 7, 5, 8, 3, 5, 11, 13, 10$$

를 얻게 되고, 이를 문자로 치환하면 "EMERGENCY"라는 메시지를 얻게 된다.

## 2.5 연습문제 2

1. 다음 치환의 곱을 구하여라.
   (1) (1 2)(1 3)(2 4)
   (2) (1 4)(1 3)(2 1)
   (3) $\begin{pmatrix} 1 & 2 & 3 & 4 & 5 \\ 4 & 3 & 2 & 5 & 1 \end{pmatrix} \begin{pmatrix} 1 & 2 & 3 & 4 & 5 \\ 2 & 3 & 4 & 5 & 1 \end{pmatrix}$
   (4) $\begin{pmatrix} 1 & 2 & 3 & 4 & 5 \\ 2 & 3 & 4 & 5 & 1 \end{pmatrix} \begin{pmatrix} 1 & 2 & 3 & 4 & 5 \\ 4 & 3 & 2 & 5 & 1 \end{pmatrix}$

2. 다음 치환을 순환치환의 곱과 호환의 곱으로 나타내고 치환의 부호를 구하여라.
   (1) $\begin{pmatrix} 1 & 2 & 3 & 4 & 5 & 6 \\ 2 & 3 & 4 & 5 & 1 & 6 \end{pmatrix}$ (2) $\begin{pmatrix} 1 & 2 & 3 & 4 & 5 & 6 \\ 4 & 3 & 2 & 5 & 1 & 6 \end{pmatrix}$

3. 행렬식의 정의를 사용하여 다음 행렬식을 계산하여라.
   (1) $\begin{vmatrix} 0 & 6 & 2 \\ 8 & 6 & 8 \\ 3 & 2 & 2 \end{vmatrix}$ (2) $\begin{vmatrix} 1 & 3 & 7 \\ 2 & 0 & -8 \\ -1 & -3 & 4 \end{vmatrix}$
   (3) $\begin{vmatrix} 1 & 1 & 1 \\ a & b & c \\ a^3 & b^3 & c^3 \end{vmatrix}$ (4) $\begin{vmatrix} b^2+c^2 & b^2 & c^2 \\ a^2 & a^2+c^2 & c^2 \\ a^2 & b^2 & a^2+b^2 \end{vmatrix}$

4. 행렬식의 성질을 이용하여 다음 행렬식을 간단히 나타내어라.

(1) $\begin{vmatrix} 1 & x & y & 1 \\ 1 & x & x & 1 \\ x & x & xy & 1 \\ x & 1 & xy & y \end{vmatrix}$ (2) $\begin{vmatrix} a & b-c & c+b \\ a+c & b & c-a \\ a-b & b+a & c \end{vmatrix}$

(3) $\begin{vmatrix} a+b+c & -c & -b \\ -c & a+b+c & -a \\ -b & -a & a+b+c \end{vmatrix}$

(4) $\begin{vmatrix} (b+c)^2 & a^2 & a^2 \\ b^2 & (c+a)^2 & b^2 \\ c^2 & c^2 & (a+b)^2 \end{vmatrix}$

5. $A$가 $n$차 정사각행렬이고 $\det A = 5$일 때 아래 행렬식을 계산하여라.

(1) $\det(3A)$ (2) $\det(2A^{-1})$ (3) $\det((2A^{-1})^{-1})$ (4) $\det(A^3)$

6. 다음 식을 만족하는 $x$의 값을 구하여라.

(1) $\begin{vmatrix} x-1 & -2 \\ 1 & x-4 \end{vmatrix} = 0$ (2) $\begin{vmatrix} x+3 & -1 & 1 \\ 5 & x-3 & 1 \\ 6 & -6 & x+5 \end{vmatrix} = 0$

(3) $\begin{vmatrix} 1 & 1 & 1 \\ 1 & x & 2 \\ 1 & x^2 & 4 \end{vmatrix} = 0$ (4) $\begin{vmatrix} 0 & 1 & \sin x \\ \cos x & 0 & \sin x \\ \cos x & 1 & 0 \end{vmatrix} = 0$

7. 행렬 $A = (a_{ij}) \in M_{n\times n}$에서 한 행(또는 열)의 성분이 모두 0이면 $|A| = 0$임을 보여라.

8. 정사각행렬 $A$의 두 행(또는 열)의 성분이 같으면 $|A| = 0$임을 보여라.

9. 행렬 $A \in M_{n\times n}$와 수 $\alpha$에 대하여 $|\alpha A| = \alpha^n |A|$임을 보여라.

10. $AA^{\intercal} = I$ 인 정사각행렬 $A$를 직교행렬(orthogonal matrix)이라 한다. 이 때, $|A| = \pm 1$ 임을 보여라.

11. 여인수 전개를 이용하여 다음 행렬식을 계산하여라.

(1) $\begin{vmatrix} 1 & 2 & 3 & 4 \\ 2 & 4 & 1 & 3 \\ 3 & 1 & 4 & 2 \\ 4 & 3 & 2 & 1 \end{vmatrix}$ (2) $\begin{vmatrix} 1 & 1 & 1 & 1 & 1 \\ -1 & 2 & 0 & 0 & 0 \\ 1 & -1 & 2 & 0 & 0 \\ 0 & 0 & -1 & 2 & 0 \\ 0 & 0 & 0 & -1 & 2 \end{vmatrix}$

(3) $\begin{vmatrix} 1 & 1 & 1 & 1 \\ a & x & a & a \\ b & b & x & b \\ c & c & c & x \end{vmatrix}$ (4) $\begin{vmatrix} -1 & a & 0 & 0 \\ a & b & 0 & 1 \\ b & 0 & 1 & 0 \\ 0 & 1 & a & 0 \end{vmatrix}$

12. 적당한 방법을 사용하여 다음 정사각행렬의 행렬식을 계산하여라.

(1) $\begin{vmatrix} 1 & 2 & 3 & 4 & 5 \\ 1^2 & 2^2 & 3^2 & 4^2 & 5^2 \\ 1^3 & 2^3 & 3^3 & 4^3 & 5^3 \\ 1^4 & 2^4 & 3^4 & 4^4 & 5^4 \\ 1^5 & 2^5 & 3^5 & 4^5 & 5^5 \end{vmatrix}$ (2) $\begin{vmatrix} 0 & 1 & 1 & \cdots & 1 \\ 1 & 0 & 1 & \cdots & 1 \\ 1 & 1 & 0 & \cdots & 1 \\ \vdots & \vdots & \vdots & & \vdots \\ 1 & 1 & 1 & \cdots & 0 \end{vmatrix}$ ($n$차)

13. 다음 행렬의 역행렬이 존재하면 구하여라.

(1) $A = \begin{pmatrix} 1 & 1 & 2 \\ 0 & 1 & 1 \\ 0 & 0 & 1 \end{pmatrix}$ (2) $B = \begin{pmatrix} 1 & 2 & 3 \\ 2 & 5 & 3 \\ 1 & 0 & 8 \end{pmatrix}$

(3) $C = \begin{pmatrix} 1 & 1 & 2 \\ 1 & 2 & 3 \\ 1 & 2 & 4 \end{pmatrix}$ (4) $D = \begin{pmatrix} \cos x & -\sin x & 0 \\ \sin x & \cos x & 0 \\ 0 & 0 & 1 \end{pmatrix}$

14. $A$가 가역행렬이면 $|A^{-1}| = |A|^{-1}$ 임을 증명하여라.

15. $A$가 가역행렬일 때 $(A^2)^{-1} = (A^{-1})^2$ 을 증명하여라.

16. 정리 2.12를 증명하여라.

17. 정리 2.15를 증명하여라.

18. 정리 2.17을 증명하여라.

# Chapter 3

# 선형시스템과 행렬

자연 현상이나 사회 현상에는 선형적인 성질을 가지는 경우가 많다. 이런 선형적인 현상을 수식으로 표현하면 선형 방정식이 얻어진다. 간단한 선형방정식은 수작업으로 풀 수 있지만 변수가 10개, 100개 등으로 많아지면 수작업으로 푸는 것이 힘들어진다. 하지만 컴퓨터를 사용하면 쉽게 구할 수 있다. 행렬 이론을 활용하여 컴퓨터 작업으로 해를 쉽게 구할 수 있는데 이런 이론에 대해 이 장에서 살펴보기로 한다.

행렬을 이용하여 선형시스템의 해를 구하는 방법 중에는 역행렬 이용법, 가우스 소거법, 그리고 행렬식을 이용한 크래머의 법칙 등이 있다.

## 3.1 선형시스템의 해법

$n$개의 미지수 $x_1, x_2, \ldots, x_n$과 실수 $a_1, a_2, \cdots, a_n, \boldsymbol{b}$에 대하여

$$a_1x_1 + a_2x_2 + \cdots + a_nx_n = b$$

를 일차방정식(linear equation)이라 한다. $n$개의 미지수와 $m$개의 일차방정식으로 이루어진 것을 연립 일차방정식(system of linear equations) 또는 간단히 선형시스템(linear system)이라 하며 다음과 같이 나타낼 수 있다.

$$\begin{cases} a_{11}x_1 + a_{12}x_2 + \cdots + a_{1n}x_n = b_1 \\ a_{21}x_1 + a_{22}x_2 + \cdots + a_{2n}x_n = b_2 \\ \qquad \vdots \qquad\qquad\qquad \vdots \\ a_{m1}x_1 + a_{m2}x_2 + \cdots + a_{mn}x_n = b_m \end{cases}$$

$x_1, x_2, \ldots, x_n$을 이 선형시스템의 변수(variable) 또는 미지수(unknown)라 하고 $a_{ij}$를 계수(coefficient), $b_i$를 상수(constant)라 한다. 선형시스템의 계수를 성분으로 갖는 행렬 $A = \begin{pmatrix} a_{ij} \end{pmatrix} \in M_{m\times n}$를 계수행렬(coefficient matrix), 상수를 성분으로 갖는 행렬 $B = \begin{pmatrix} b_i \end{pmatrix} \in M_{m\times 1}$를 상수행렬(matrix of constants)이라 한다. 또한

$$A = \begin{pmatrix} a_{11} & a_{12} & \cdots & a_{1n} \\ a_{21} & a_{22} & \cdots & a_{2n} \\ \vdots & \vdots & & \vdots \\ a_{m1} & a_{m2} & \cdots & a_{mn} \end{pmatrix}, \quad B = \begin{pmatrix} b_1 \\ b_1 \\ \vdots \\ b_m \end{pmatrix}, \quad X = \begin{pmatrix} x_1 \\ x_2 \\ \vdots \\ x_n \end{pmatrix}$$

라 하면 주어진 선형시스템은

$$\begin{pmatrix} a_{11} & a_{12} & \cdots & a_{1n} \\ a_{21} & a_{22} & \cdots & a_{2n} \\ \vdots & \vdots & & \vdots \\ a_{m1} & a_{m2} & \cdots & a_{mn} \end{pmatrix} \begin{pmatrix} x_1 \\ x_2 \\ \vdots \\ x_n \end{pmatrix} = \begin{pmatrix} b_1 \\ b_1 \\ \vdots \\ b_m \end{pmatrix}$$

와 같이 표현될 수 있다. 즉 행렬방정식

$$AX = B$$

로 표현된다. 상수행렬 $B = O$인 선형시스템 $AX = O$을 동차 선형시스템(homogeneous system)이라 하고, $B \neq O$인 선형시스템 $AX = B$를 비동차 선형시스템(non-homogeneous system)이라 한다.

미지수의 개수 $n$과 방정식의 개수 $m$이 같은 경우를 먼저 생각해보자.

**정 리 3.1** $A \in M_{n\times n}$에 대해 $AX = B$의 형태로 나타나는 선형시스템은 $A$가 정칙행렬일 때 단 하나의 해를 가지며 그 해는

$$X = A^{-1}B$$

이다.

【증명】 행렬 $A$가 정칙이므로 역행렬 $A^{-1}$가 존재한다. 따라서 $AX = B$의 양변에 $A^{-1}$를 곱하면

$$A^{-1}(AX) = A^{-1}B$$
$$(A^{-1}A)X = A^{-1}B$$

$$IX = A^{-1}B$$
$$X = A^{-1}B$$

가 된다. □

**예 제** **3.2** 역행렬을 이용하여 다음 선형시스템의 해를 구하여라.

$$\begin{cases} x + 2y = 1 \\ 3x + y = 1 \end{cases}$$

【풀이】 방정식을 행렬로 나타내면, $A = \begin{pmatrix} 1 & 2 \\ 3 & 1 \end{pmatrix}$, $B = \begin{pmatrix} 1 \\ 1 \end{pmatrix}$ 라 할 때, $AX = B$로 나타낼 수 있다. 따라서 행렬 $A$가 가역이므로 역행렬 $A^{-1}$를 구하면

$A^{-1} = -\frac{1}{5}\begin{pmatrix} 1 & -2 \\ -3 & 1 \end{pmatrix}$ 이고, $X = A^{-1}B = \begin{pmatrix} \frac{1}{5} \\ \frac{2}{5} \end{pmatrix}$ 가 된다.

□

**정 리** **3.3** 정사각행렬 $A$에 대해 $AX = O$의 방정식은 항상 $X = O$인 자명한 해(trivial solution)를 가진다. 또한,

(1) $|A| = 0 \iff X \neq O$인 해(non-trivial solution)를 가진다.

(2) $|A| \neq 0 \iff X = O$이 유일한 해이다.

【증명】 생략. □

**예 제** **3.4** 역행렬을 사용하여 다음 선형시스템의 해를 구하여라.

$$\begin{cases} 2x - 5y + 2z = 7 \\ x + 2y - 4z = 3 \\ 3x - 4y - 6z = 5 \end{cases}$$

【풀이】 위의 선형시스템을 행렬로 나타내면 $AX = B$로, 이 때 행렬 $A$, $X$, $B$는 각각

$$A = \begin{pmatrix} 2 & -5 & 2 \\ 1 & 2 & -4 \\ 3 & -4 & -6 \end{pmatrix}, \quad X = \begin{pmatrix} x \\ y \\ z \end{pmatrix}, \quad B = \begin{pmatrix} 7 \\ 3 \\ 5 \end{pmatrix}$$

이다. 또한 정리 2.27 로부터 계수행렬 $A$의 역행렬은

$$A^{-1} = \frac{1}{|A|} \operatorname{adj} A = -\frac{1}{46} \begin{pmatrix} -28 & -38 & 16 \\ -6 & -18 & 10 \\ -10 & -7 & 9 \end{pmatrix}$$

이다. 그러므로

$$X = \begin{pmatrix} x \\ y \\ z \end{pmatrix} = A^{-1}B = -\frac{1}{46} \begin{pmatrix} -28 & -38 & 16 \\ -6 & -18 & 10 \\ -10 & -7 & 9 \end{pmatrix} \begin{pmatrix} 7 \\ 3 \\ 5 \end{pmatrix} = \begin{pmatrix} 5 \\ 1 \\ 1 \end{pmatrix}$$

이다. 따라서 구하는 해는 $(x, y, z) = (5, 1, 1)$ 이다. □

## 3.2 크래머의 법칙

이 절에서는 행렬식을 이용하여 선형시스템의 해를 구하는 크래머의 법칙을 알아보자.

**정 리** **3.5** 크래머의 법칙(Cramer's Rule)
$A = \left(a_{ij}\right) \in M_{n\times n}$, $B = \left(b_{ij}\right) \in M_{n\times 1}$인 선형시스템 $AX = B$는 $|A| \neq 0$이면 단 하나의 해를 가지며, 그 해는 각각의 $j = 1, 2, \ldots, n$에 대하여 다음과 같이 표현된다.

$$x_j = \frac{1}{|A|}\begin{vmatrix} a_{11} & \cdots & a_{1j-1} & b_1 & a_{1j+1} & \cdots & a_{1n} \\ a_{21} & \cdots & a_{2j-1} & b_2 & a_{2j+1} & \cdots & a_{2n} \\ \vdots & & \vdots & \vdots & & \vdots & \\ a_{n1} & \cdots & a_{nj-1} & b_n & a_{nj+1} & \cdots & a_{nn} \end{vmatrix}$$

$\uparrow$
$j$ 열

【증명】 연습문제. □

**예 제** **3.6** 크래머의 법칙으로 다음 선형시스템의 해를 구하여라.

(1) $\begin{cases} x + 2y + z = 4 \\ x - y + z = 5 \\ 2x + 3y - z = 1 \end{cases}$ (2) $\begin{cases} 2x + 4y + z = 7 \\ 3x + 2y + 3z = 7 \\ 5x - 4y + 4z = 9 \end{cases}$

【풀이】

(1) 주어진 선형시스템의 계수행렬을 $A$라 놓으면

$$|A| = \begin{vmatrix} 1 & 2 & 1 \\ 1 & -1 & 1 \\ 2 & 3 & -1 \end{vmatrix} = 9$$

이므로

$$x = \frac{1}{9}\begin{vmatrix} 4 & 2 & 1 \\ 5 & -1 & 1 \\ 1 & 3 & -1 \end{vmatrix} = \frac{20}{9}, \quad y = \frac{1}{9}\begin{vmatrix} 1 & 4 & 1 \\ 1 & 5 & 1 \\ 2 & 1 & -1 \end{vmatrix} = -\frac{3}{9},$$

$$z = \frac{1}{9}\begin{vmatrix} 1 & 2 & 4 \\ 1 & -1 & 5 \\ 2 & 3 & 1 \end{vmatrix} = \frac{22}{9}.$$

(2) 주어진 선형시스템과 관련한 계수행렬을 $A$라 놓으면 $|A| = 30$이므로

$$x = \frac{1}{30}\begin{vmatrix} 7 & 4 & 1 \\ 7 & 2 & 3 \\ 9 & -4 & 4 \end{vmatrix} = 3, \quad y = \frac{1}{30}\begin{vmatrix} 2 & 7 & 1 \\ 3 & 7 & 3 \\ 5 & 9 & 4 \end{vmatrix} = \frac{1}{2},$$

$$z = \frac{1}{30}\begin{vmatrix} 2 & 4 & 7 \\ 3 & 2 & 7 \\ 5 & -4 & 9 \end{vmatrix} = -1.$$

□

## 3.3 가우스 소거법

일반적으로 역행렬을 구하는 과정은 행렬의 크기가 커질수록 매우 어려워진다. 크래머의 공식도 간단해 보이지만 미지수가 많아지면 해를 구하는데 많은 시간이 필요하게 된다. 또한, 미지수의 개수 $n$과 방정식의 개수 $m$이 다를 경우 선형시스템 $AX = B$에 대해 $A$의 역행렬 자체를 생각할 수 없으므로 다른 방법을 적용해야 한다. 이런 상황에서 적용할 수 있는 방법이 가우스 소거법이다. 이 절에서는 가우스 소거법을 이용한 선형시스템의 해법을 알아보자.

이제 기본 행연산을 사용하여 $AX = B$의 해를 구하는 가우스 소거법(Gaussian elimination) 을 소개한다. 선형시스템 $AX = B$에서 계수행렬의 오른쪽에 상수행렬을 첨가하여 만든 행렬

$$\left(A|B\right) = \begin{pmatrix} a_{11} & a_{12} & \cdots & a_{1n} & \vdots & b_1 \\ a_{21} & a_{22} & \cdots & a_{2n} & \vdots & b_2 \\ \vdots & \vdots & \ddots & \vdots & \vdots & \vdots \\ a_{m1} & a_{m2} & \cdots & a_{mn} & \vdots & b_n \end{pmatrix}$$

을 첨가행렬(augmented matrix)이라고 한다. 첨가행렬 $\left(A|B\right)$는 선형시스템 $AX = B$와 일대일 대응이 된다. 먼저 아래와 같은 선형시스템의 풀이 과정에서 그에 대응하는 첨가행렬의 변화를 살펴보자.

$$\begin{cases} x + 3y + 3z = -2 \\ 2x + 7y + 8z = 0 \\ x + 5y + z = 0 \end{cases} \iff \begin{pmatrix} 1 & 3 & 3 & \vdots & -2 \\ 2 & 7 & 8 & \vdots & 0 \\ 1 & 5 & 1 & \vdots & 0 \end{pmatrix} \tag{3.1}$$

첫 번째 식(1행)에 $-2$를 곱하여 두 번째 식(2행)에 더하고, 첫 번째 식(1행)에 $-1$을 곱하여 세 번째 식(3행)에 더하면

$$\begin{cases} x+3y+3z=-2 \\ y+2z=4 \\ 2y-2z=2 \end{cases} \iff \begin{pmatrix} 1 & 3 & 3 & \vdots & -2 \\ 0 & 1 & 2 & \vdots & 4 \\ 0 & 2 & -2 & \vdots & 2 \end{pmatrix} \tag{3.2}$$

두 번째 식(2행)에 $-3$을 곱하여 첫 번째 식(1행)에 더하고 두 번째 식(2행)에 $-2$를 곱하여 세 번째 식(3행)에 더하면

$$\begin{cases} x-3z=-14 \\ y+2z=4 \\ -6z=-6 \end{cases} \iff \begin{pmatrix} 1 & 0 & -3 & \vdots & -14 \\ 0 & 1 & 2 & \vdots & 4 \\ 0 & 0 & -6 & \vdots & -6 \end{pmatrix} \tag{3.3}$$

세 번째 식(3행)에 $-1/6$을 곱하면

$$\begin{cases} x-3z=-14 \\ y+2z=4 \\ z=1 \end{cases} \iff \begin{pmatrix} 1 & 0 & -3 & \vdots & -14 \\ 0 & 1 & 2 & \vdots & 4 \\ 0 & 0 & 1 & \vdots & 1 \end{pmatrix} \tag{3.4}$$

세 번째 식(3행)에 3을 곱하여 첫 번째 식(1행)에 더하고 세 번째 식(3행)에 $-2$를 곱하여 두 번째 식(2행)에 더하면

$$\begin{cases} x=-11 \\ y=2 \\ z=1 \end{cases} \iff \begin{pmatrix} 1 & 0 & 0 & \vdots & -11 \\ 0 & 1 & 0 & \vdots & 2 \\ 0 & 0 & 1 & \vdots & 1 \end{pmatrix} \tag{3.5}$$

이다. 위 선형시스템의 풀이 과정에서 보듯이 좌측은 모두 동치인 선형시

스템이며 우측은 이 선형시스템에 대응하는 행렬이다. 그리고 위의 풀이 과정에서는 아래와 같은 조작만을 하였다.

**[기본 행연산]**

(1) 한 행(한 방정식)에 0이 아닌 상수 $c$를 곱한다.

(2) 한 행(한 방정식)을 $c(\neq 0)$배하여 다른 행(다른 방정식)에 더한다.

(3) 두 행(두 방정식)을 바꾼다.

이 (1), (2), (3)의 연산을 **기본 행연산**(elementary row operations)이라고 부른다. 선형시스템의 해를 구할 때, 주어진 선형시스템에 대응하는 첨가행렬에 기본 행연산 규칙을 적용하여 해를 구하는 방법을 **가우스 소거법**(Gaussian elimination)이라고 부른다. 기본 행연산 규칙을 사용하여 첨가행렬 중 계수행렬의 주대각성분 아래의 모든 성분을 0으로 만든다. 이와 같은 형태를 **행사다리꼴**(row echelon form)이라 한다. 행사다리꼴이 완성되면 추가로 첨가행렬 중 계수행렬의 주대각성분 위쪽 성분을 최대한 0으로 만들면 선형시스템의 해를 쉽게 구할 수 있다.

$$\begin{pmatrix} * & * & * & * & * & * & * \\ 0 & * & * & * & * & * & * \\ 0 & 0 & * & * & * & * & * \\ 0 & 0 & 0 & * & * & * & * \\ 0 & 0 & 0 & 0 & * & * & * \\ 0 & 0 & 0 & 0 & 0 & * & * \end{pmatrix}$$

그림 3.1: 행사다리꼴

**예 제** **3.7** 가우스 소거법으로 다음 선형시스템의 해를 구하여라.

$$\begin{cases} x + 2y + 3z = 6 \\ 2x - 3y + 2z = 14 \\ 3x + y - z = -2 \end{cases}$$

【풀이】 주어진 선형시스템에 대응하는 첨가행렬에 기본 행연산을 적용하자.

$$\begin{pmatrix} 1 & 2 & 3 & \vdots & 6 \\ 2 & -3 & 2 & \vdots & 14 \\ 3 & 1 & -1 & \vdots & -2 \end{pmatrix} \quad \begin{matrix} 2\text{행} - 2 \times 1\text{행} \\ 3\text{행} - 3 \times 1\text{행} \end{matrix} \text{을 하면}$$

$$\sim \begin{pmatrix} 1 & 2 & 3 & \vdots & 6 \\ 0 & -7 & -4 & \vdots & 2 \\ 0 & -5 & -10 & \vdots & -20 \end{pmatrix} \quad 3\text{행} \times (-\frac{1}{5})\text{을 하면}$$

$$\sim \begin{pmatrix} 1 & 2 & 3 & \vdots & 6 \\ 0 & -7 & -4 & \vdots & 2 \\ 0 & 1 & 2 & \vdots & 4 \end{pmatrix} \quad 2, 3\text{행 교환을 하면}$$

$$\sim \begin{pmatrix} 1 & 2 & 3 & \vdots & 6 \\ 0 & 1 & 2 & \vdots & 4 \\ 0 & -7 & -4 & \vdots & 2 \end{pmatrix} \quad \begin{matrix} 3\text{행} + 7 \times 2\text{행} \\ 1\text{행} - 2 \times 2\text{행} \end{matrix} \text{을 하면}$$

$$\sim \begin{pmatrix} 1 & 0 & -1 & \vdots & -2 \\ 0 & 1 & 2 & \vdots & 4 \\ 0 & 0 & 10 & \vdots & 30 \end{pmatrix} \quad 3\text{행} \times \frac{1}{10}\text{을 하면}$$

$$\sim \begin{pmatrix} 1 & 0 & -1 & \vdots & -2 \\ 0 & 1 & 2 & \vdots & 4 \\ 0 & 0 & 1 & \vdots & 3 \end{pmatrix} \qquad \begin{matrix} 2행 - 2 \times 3행 \\ 1행 + 3행 \end{matrix} 을 하면$$

$$\sim \begin{pmatrix} 1 & 0 & 0 & \vdots & 1 \\ 0 & 1 & 0 & \vdots & -2 \\ 0 & 0 & 1 & \vdots & 3 \end{pmatrix}$$

따라서 구하는 해는 $x = 1$, $y = -2$, $z = 3$이다. □

역행렬을 이용하거나 크래머의 법칙으로 해를 구하는 것은 유일한 해를 가질 경우에만 적용할 수 있다. 그러나 가우스 소거법은 유일해가 아닐 경우에도 적용이 가능하다. 아래 예제를 살펴보자.

**예 제** **3.8** 가우스 소거법으로 다음 선형시스템의 해를 구하여라.

$$\begin{cases} x - z + 2u = 0 \\ 2x - 3y - 4u = 0 \\ y + 2z + 3u = 0 \\ 3x - 2y + z + u = 0 \end{cases}$$

【풀이】 주어진 선형시스템에 대응하는 첨가행렬에 기본 행연산을 적용하자.

$$\begin{pmatrix} 1 & 0 & -1 & 2 & \vdots & 0 \\ 2 & -3 & 0 & -4 & \vdots & 0 \\ 0 & 1 & 2 & 3 & \vdots & 0 \\ 3 & -2 & 1 & 1 & \vdots & 0 \end{pmatrix} \qquad \begin{matrix} 2행 - 2 \times 1행, \\ 4행 - 3 \times 1행 \end{matrix}$$

$$\sim \begin{pmatrix} 1 & 0 & -1 & 2 & \vdots & 0 \\ 0 & -3 & 2 & -8 & \vdots & 0 \\ 0 & 1 & 2 & 3 & \vdots & 0 \\ 0 & -2 & 4 & -5 & \vdots & 0 \end{pmatrix} \qquad \text{2, 3행 교환}$$

$$\sim \begin{pmatrix} 1 & 0 & -1 & 2 & \vdots & 0 \\ 0 & 1 & 2 & 3 & \vdots & 0 \\ 0 & -3 & 2 & -8 & \vdots & 0 \\ 0 & -2 & 4 & -5 & \vdots & 0 \end{pmatrix} \qquad \begin{matrix} 3\text{행} + 3 \times 2\text{행}, \\ 4\text{행} + 2 \times 2\text{행} \end{matrix}$$

$$\sim \begin{pmatrix} 1 & 0 & -1 & 2 & \vdots & 0 \\ 0 & 1 & 2 & 3 & \vdots & 0 \\ 0 & 0 & 8 & 1 & \vdots & 0 \\ 0 & 0 & 8 & 1 & \vdots & 0 \end{pmatrix} \qquad 4\text{행} - 3\text{행}$$

$$\sim \begin{pmatrix} 1 & 0 & -1 & 2 & \vdots & 0 \\ 0 & 1 & 2 & 3 & \vdots & 0 \\ 0 & 0 & 8 & 1 & \vdots & 0 \\ 0 & 0 & 0 & 0 & \vdots & 0 \end{pmatrix}$$

3행에서 $8z+u=0$이므로 $z=k$로 놓으면 $u=-8k$, 2행에서 $y+2k-24k=0$이므로 $y=22k$, 1행에서 $x-k-16k=0$이다. 따라서 해는 임의의 수 $k$에 대하여 $x=17k$, $y=22k$, $z=k$, $u=-8k$이다. □

선형시스템은 화학방정식의 풀이에 응용되기도 한다.

**예 제** **3.9** 광합성 작용을 설명하는 다음 화학방정식의 균형을 맞추어 보자.

$$CO_2 + H_2O \quad \to \quad C_6H_{12}O_6 + O_2$$

【풀이】 화학식

$$x\mathrm{CO}_2 + y\mathrm{H}_2\mathrm{O} \quad \rightarrow \quad z\mathrm{C}_6\mathrm{H}_{12}\mathrm{O}_6 + w\mathrm{O}_2$$

이 균형을 이루도록 양의 정수 $x, y, z, w$를 구하여야 한다. 먼저 각 원자의 수는 작용 전과 후에 같아야 하므로

$$\begin{aligned}
&\text{탄소 (C)} : x = 6z \\
&\text{수소 (H)} : 2y = 12z \\
&\text{산소 (O)} : 2x + y = 6z + 2w
\end{aligned}$$

가 된다. 이를 선형시스템으로 나타내면 다음과 같다.

$$\begin{cases} x - 6z = 0 \\ 2y - 12z = 0 \\ 2x + y - 6z - 2w = 0 \end{cases}$$

이제 이 시스템의 첨가행렬을 구하고 가우스 소거법을 적용하자.

$$\begin{pmatrix} 1 & 0 & -6 & 0 & \vdots & 0 \\ 0 & 2 & -12 & 0 & \vdots & 0 \\ 2 & 1 & -6 & -2 & \vdots & 0 \end{pmatrix} \qquad \begin{matrix} 3\text{행} - 2 \times 1\text{행} \\ \frac{1}{2} \times 2\text{행} \end{matrix}$$

$$\sim \begin{pmatrix} 1 & 0 & -6 & 0 & \vdots & 0 \\ 0 & 1 & -6 & 0 & \vdots & 0 \\ 0 & 1 & 6 & -2 & \vdots & 0 \end{pmatrix} \qquad 3\text{행} - 2\text{행}$$

$$\sim \begin{pmatrix} 1 & 0 & -6 & 0 & \vdots & 0 \\ 0 & 1 & -6 & 0 & \vdots & 0 \\ 0 & 0 & 12 & -2 & \vdots & 0 \end{pmatrix} \qquad \frac{1}{2} \times 3\text{행}$$

$$\sim \begin{pmatrix} 1 & 0 & -6 & 0 & \vdots & 0 \\ 0 & 1 & -6 & 0 & \vdots & 0 \\ 0 & 0 & 6 & -1 & \vdots & 0 \end{pmatrix}$$

결국, $x = 6z, y = 6z, w = 6z$의 해를 얻을 수 있다. 그런데 모든 변수가 정수가 되어야 하므로 $z = 1$이라 하면, $x = 6, y = 6, w = 6$이 된다. 따라서 구하고자 하는 최종 화학방정식은

$$6\mathrm{CO_2} + 6\mathrm{H_2O} \quad \rightarrow \quad \mathrm{C_6H_{12}O_6} + 6\mathrm{O_2}.$$

□

## 3.4 가우스 소거법을 이용한 역행렬의 계산

앞서 언급한 기본 행연산은 역행렬을 구하는데도 매우 중요한 역할을 한다. 행렬 $A$에 기본 행연산을 실시하여 항등행렬을 얻어내는 과정을 항등행렬에 적용하면 $A^{-1}$이 얻어진다. 이와 같은 조작을 동시에 하면 역행렬을 얻는데 아주 편리하다.

**예 제 3.10** 기본 행연산을 사용하여 다음 행렬의 역행렬을 구하여라.

$$A = \begin{pmatrix} 1 & 2 & 3 \\ 2 & 5 & 3 \\ 1 & 0 & 8 \end{pmatrix}$$

【풀이】 행렬 $A$의 우측에 항등행렬을 같이 써서 아래와 같은 하나의 행렬을 생각하자. 이제 이 행렬에 대해 기본 행연산을 시행하여 좌측을 항등행렬로 만들면 우측에 얻어지는 행렬이 바로 $A$의 역행렬이 된다.

$$\begin{pmatrix} 1 & 2 & 3 & \vdots & 1 & 0 & 0 \\ 2 & 5 & 3 & \vdots & 0 & 1 & 0 \\ 1 & 0 & 8 & \vdots & 0 & 0 & 1 \end{pmatrix} \qquad \begin{matrix} 2\text{행} - 2 \times 1\text{행}, \\ 3\text{행} - 1\text{행} \end{matrix}$$

$$\sim \begin{pmatrix} 1 & 2 & 3 & \vdots & 1 & 0 & 0 \\ 0 & 1 & -3 & \vdots & -2 & 1 & 0 \\ 0 & -2 & 5 & \vdots & -1 & 0 & 1 \end{pmatrix} \qquad 3\text{행} + 2 \times 2\text{행}$$

$$\sim \begin{pmatrix} 1 & 2 & 3 & \vdots & 1 & 0 & 0 \\ 0 & 1 & -3 & \vdots & -2 & 1 & 0 \\ 0 & 0 & -1 & \vdots & -5 & 2 & 1 \end{pmatrix} \qquad 3\text{행} \times (-1)$$

$$\sim \begin{pmatrix} 1 & 2 & 3 & \vdots & 1 & 0 & 0 \\ 0 & 1 & -3 & \vdots & -2 & 1 & 0 \\ 0 & 0 & 1 & \vdots & 5 & -2 & -1 \end{pmatrix} \qquad \begin{matrix} 1\text{행} - 3 \times 3\text{행}, \\ 2\text{행} + 3 \times 3\text{행} \end{matrix}$$

$$\sim \begin{pmatrix} 1 & 2 & 0 & \vdots & -14 & 6 & 3 \\ 0 & 1 & 0 & \vdots & 13 & -5 & -3 \\ 0 & 0 & 1 & \vdots & 5 & -2 & -1 \end{pmatrix} \qquad 1\text{행} - 2 \times 2\text{행}$$

$$\sim \begin{pmatrix} 1 & 0 & 0 & \vdots & -40 & 16 & 9 \\ 0 & 1 & 0 & \vdots & 13 & -5 & -3 \\ 0 & 0 & 1 & \vdots & 5 & -2 & -1 \end{pmatrix}$$

따라서

$$A^{-1} = \begin{pmatrix} -40 & 16 & 9 \\ 13 & -5 & -3 \\ 5 & -2 & -1 \end{pmatrix}.$$

□

어떤 행렬에 대해 기본 행연산으로 행사다리꼴을 만들었을 때 영벡터가 아닌 행벡터들은 일차독립이 된다. 이는 본래 행렬에서 일차독립인 행벡터의 개수와 일치한다. 또한 일차독립인 열벡터의 개수와도 일치한다. 행렬에서 일차독립인 열벡터(또는 행벡터)의 개수를 행렬의 계수(rank)라 한다. 아래 정리는 $A \in M_{n\times n}$에 대해, $\text{rank}A = n$이 되기 위한 필요충분조건이 $A$가 가역행렬이 됨을 보여준다.

**정 리 3.11** $A \in M_{n\times n}$에 대해 다음은 모두 동치이다.

(1) $X \in \mathbf{R}^n$에 대해 동차선형시스템 $AX = O$의 유일한 해가 $X = O$이다.

(2) $A$의 열벡터들 $A^1, \cdots, A^n$은 일차독립이다. 즉, $\text{rank}A = n$이다.

(3) $A$는 가역행렬이다.

(4) $|A| \neq 0$이다.

【증명】 생략. □

**예 제** **3.12** 다음 행렬 $A$의 계수를 구하고 역행렬이 존재하는지 알아보아라.

$$A = \begin{pmatrix} 3 & -3 & 0 \\ 1 & 4 & 5 \\ 4 & 4 & 8 \end{pmatrix}$$

【풀이】 주어진 행렬 $A$에 기본 행연산을 적용하자.

$$\begin{pmatrix} 3 & -3 & 0 \\ 1 & 4 & 5 \\ 4 & 4 & 8 \end{pmatrix} \text{1행과 3행 교환} \quad \sim \begin{pmatrix} 4 & 4 & 8 \\ 1 & 4 & 5 \\ 3 & -3 & 0 \end{pmatrix} \text{1행} \times \frac{1}{4}$$

$$\sim \begin{pmatrix} 1 & 1 & 2 \\ 1 & 4 & 5 \\ 3 & -3 & 0 \end{pmatrix} \begin{matrix} \text{2행} - \text{1행}, \\ \text{3행} - 3 \times \text{1행} \end{matrix} \quad \sim \begin{pmatrix} 1 & 1 & 2 \\ 0 & 3 & 3 \\ 0 & -6 & -6 \end{pmatrix} \text{3행} + 2 \times \text{2행}$$

$$\sim \begin{pmatrix} 1 & 1 & 2 \\ 0 & 3 & 3 \\ 0 & 0 & 0 \end{pmatrix}$$

따라서 영벡터가 아닌 행벡터가 2개이므로 행렬 $A$의 계수는 2 이다. 그러므로 가역행렬이 아니고 역행렬이 존재하지 않는다. □

## 3.5 연습문제 3

1. 역행렬을 이용하여 다음 선형시스템의 해를 구하여라.

(1) $\begin{cases} x + y = -1 \\ x - 2y = 1 \end{cases}$ (2) $\begin{cases} x + 2y = 3 \\ x - 2y = -1 \end{cases}$

2. 역행렬을 이용하여 다음 선형시스템의 해를 구하여라.

(1) $\begin{cases} x + y + 2z = -1 \\ x - 2y + z = -5 \\ 3x + y + z = 3 \end{cases}$ (2) $\begin{cases} x + y + z = 1 \\ x + y - 2z = -2 \\ 2x + y + z = 3 \end{cases}$

(3) $\begin{cases} 2x + 4y + 6z = 2 \\ -x + 2y + 3z = 2 \\ x + 4y + 9z = 1 \end{cases}$ (4) $\begin{cases} x + y = 1 \\ x + y + z = 2 \\ 2y + z = 3 \end{cases}$

3. 크래머의 공식을 이용하여 다음 선형시스템의 해를 구하여라.

(1) $\begin{cases} 2x + y + z = 4 \\ x + 3y - 2z = 2 \\ 7x - 6y + z = 2 \end{cases}$ (2) $\begin{cases} 2x + 3y + 4z = 7 \\ 3x + y - z = 7 \\ -4x + 2y + 3z = -1 \end{cases}$

(3) $\begin{cases} 2x + 3y + 4z = 4 \\ 4x + 3y + z = -6 \\ x + 2y + 4z = 6 \end{cases}$ (4) $\begin{cases} 2x + y + z = 7 \\ 3x + 2y + z = -3 \\ y + z = 5 \end{cases}$

4. 가우스 소거법을 이용하여 다음 선형시스템의 해를 구하여라.

(1) $\begin{cases} x+y+2z=-1 \\ x-2y+z=-5 \\ 3x+y+z=3 \end{cases}$ (2) $\begin{cases} x+y+z=1 \\ x+y-2z=-2 \\ 2x+y+z=3 \end{cases}$

(3) $\begin{cases} x-3y+2z=2 \\ 5x-15y+7z=10 \end{cases}$ (4) $\begin{cases} 3x-6y-z-w=0 \\ x-2y+5z-3w=0 \\ 2x-4y+3z-w=3 \end{cases}$

5. 기본 행연산을 사용하여 다음 행렬의 역행렬을 구하여라.

(1) $A=\begin{pmatrix} 1 & 1 & 2 \\ 0 & 1 & 1 \\ 0 & 0 & 1 \end{pmatrix}$ (2) $B=\begin{pmatrix} 1 & 2 & 3 \\ 2 & 5 & 3 \\ 1 & 0 & 8 \end{pmatrix}$

(3) $C=\begin{pmatrix} 1 & 1 & 2 \\ 1 & 2 & 3 \\ 1 & 2 & 4 \end{pmatrix}$ (4) $D=\begin{pmatrix} \cos x & -\sin x & 0 \\ \sin x & \cos x & 0 \\ 0 & 0 & 1 \end{pmatrix}$

6. 다음 행렬의 계수를 구하여라.

(1) $\begin{pmatrix} 7 & 1 & 0 \\ -14 & -2 & 0 \end{pmatrix}$ (2) $\begin{pmatrix} 3 & 1 & 2 \\ 4 & 0 & 6 \end{pmatrix}$

(3) $\begin{pmatrix} 3 & -3 & 0 \\ 1 & 4 & 5 \\ 4 & 4 & 8 \end{pmatrix}$ (4) $\begin{pmatrix} 6 & 1 & 8 & 3 \\ 2 & 3 & 0 & 2 \\ 4 & -1 & -8 & -3 \end{pmatrix}$

7. 정리 3.5를 증명하여라.

8. 정리 3.11을 증명하여라.

# Chapter 4

# 평면과 공간에서의 벡터

이 장에서는 평면 $\mathbf{R}^2$과 공간 $\mathbf{R}^3$의 벡터에 대해 기하학적인 성질을 알아보겠다. 이러한 성질은 다음 장에서 다룰 추상적인 벡터의 개념을 이해하는데 많은 도움이 된다.

## 4.1 벡터

면적이나 길이, 질량과 같은 물리적 양은 크기만을 가지고 있으므로 실수로 표시할 수 있다. 이와 같이 크기만을 가지는 양을 스칼라(scalar)라고 한다. 스칼라는 실수나 복소수와 같은 구조를 가지지만 이해를 쉽게 하기 위하여 실수로 제한하여 생각하자.

한편 힘이나 속도, 가속도 등은 크기와 방향을 동시에 가지고 있다. 이와 같은 양을 벡터(vector)라 한다. 벡터를 이해하는 가장 쉬운 방법은 평면이나 삼차원 공간 상에 그려진 방향이 있는 선분인 유향선분 즉, 화살표를 사용하여 기하학적으로 나타내는 것이다.

그림 4.1:

평면 위의 유향선분을 생각하는 경우를 **평면벡터**(planar vector), 삼차원 공간 상의 유향선분을 생각하는 경우를 **삼차원 공간벡터** (3-dimensional spatial vector) 라고 한다.

화살표의 방향은 벡터의 방향을 나타내고 선분의 길이는 벡터의 크기가 된다. 선분의 시작점인 $P$를 시점(initial point), 끝나는 점인 $Q$를 종점(terminal point)이라 한다. 이러한 벡터를 $\overrightarrow{PQ}$, 또는 간단히 $a$, $b$, $u$, $v$, $\ldots$ 등으로 나타내고 벡터라는 것을 강조할 필요가 있을 때 굵은 글씨 $\mathbf{a}$, $\mathbf{b}$, $\mathbf{u}$, $\mathbf{v}$, $\ldots$ 등으로 나타낸다.

벡터 $\mathbf{u} = \overrightarrow{PQ}$와 $\mathbf{v} = \overrightarrow{RS}$가 있을 때, 어느 하나를 평행이동하여 완전히

겹쳐질 때 이 두 벡터는 같다(equal)고 하며

$$\mathbf{u} = \mathbf{v}$$

로 나타낸다(그림 4.2).

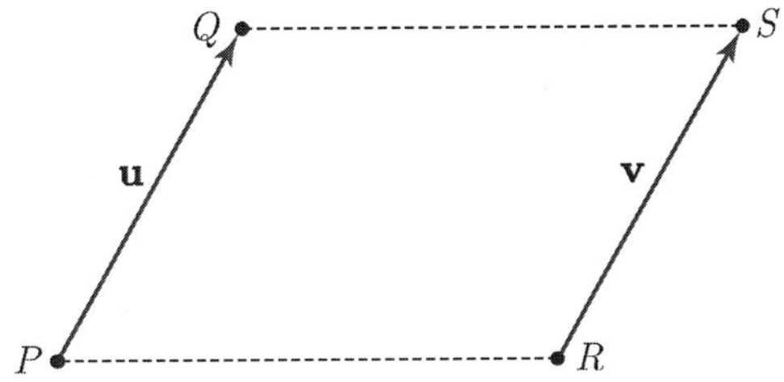

그림 4.2:

벡터 $\mathbf{u}$의 크기(norm) 또는 길이(length)를 $\|\mathbf{u}\|$으로 나타낸다. 종점과 시점이 일치하는 즉, 크기가 0인 특수한 벡터를 영벡터(zero vector)라 하고, $\mathbf{0}$으로 표시한다. 스칼라인 수 0과 벡터 $\mathbf{0}$은 문맥에서 구별된다. 또한 크기가 1인 벡터를 단위벡터(unit vector)라 하고 $\mathbf{e}$로 나타낸다. 즉,

$$\|\mathbf{e}\| = 1$$

이다.

벡터 $\mathbf{u} = \overrightarrow{PQ}$, $\mathbf{v} = \overrightarrow{RS}$에서 $\overrightarrow{PQ}$의 종점 $Q$와 $\overrightarrow{RS}$의 시점 $R$이 일치하도록 벡터 $\overrightarrow{RS}$을 평행이동한 벡터를 $\overrightarrow{R'S'}$이라 할 때 $\Delta PQS'$의 빗변 $\overrightarrow{PS'}$을 $\mathbf{u}$와 $\mathbf{v}$의 합(sum)이라 하고,

$$\mathbf{u} + \mathbf{v}$$

로 나타낸다(그림 4.3). 벡터 $\mathbf{v}$를 벡터 $\mathbf{u}$와 크기가 같고 방향이 반대라

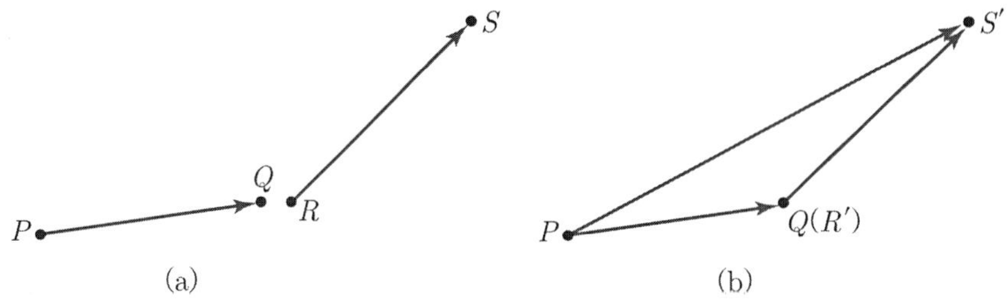


그림 4.3:

하면 벡터의 합에 의하여

$$\mathbf{u} + \mathbf{v} = \overrightarrow{PQ} + \overrightarrow{RS} = \mathbf{0}$$

이다. 이러한 벡터 $\mathbf{v}$를 $\mathbf{u}$의 음벡터(negative vector)라 하고, $-\mathbf{u}$로 나타낸다. 즉,

$$\mathbf{u} + (-\mathbf{u}) = (-\mathbf{u}) + \mathbf{u} = \mathbf{0}$$

벡터 $\mathbf{u}$와 $\mathbf{v}$에 대해서 $\mathbf{u} + (-\mathbf{v}) = \mathbf{u} - \mathbf{v}$로 간단히 쓰기로 한다. 특히, 영벡터일 경우 $-\mathbf{0}$은 $\mathbf{0}$과 같다.

벡터 $\mathbf{u}$와 스칼라 $\alpha$의 연산을 정의하자. 벡터 $\mathbf{u}$에 대하여, $\alpha > 0$이면 $\mathbf{u}$와 같은 방향을 갖고 크기가 $\|\mathbf{u}\|$의 $\alpha$배가 되는 벡터, $\alpha < 0$이면 $\mathbf{u}$와 반대 방향이고 크기가 $\|\mathbf{u}\|$의 $|\alpha|$배인 벡터를 $\alpha\mathbf{u}$라 하고, 벡터 $\mathbf{u}$와 실수 $\alpha$의 스칼라곱(scalar multiplication)이라고 한다. 특히 $\alpha = 0$이거나 $\mathbf{u} = \mathbf{0}$이면 $\alpha\mathbf{u} = \mathbf{0}$이고, $(-1)\mathbf{u} = -\mathbf{u}$이다.

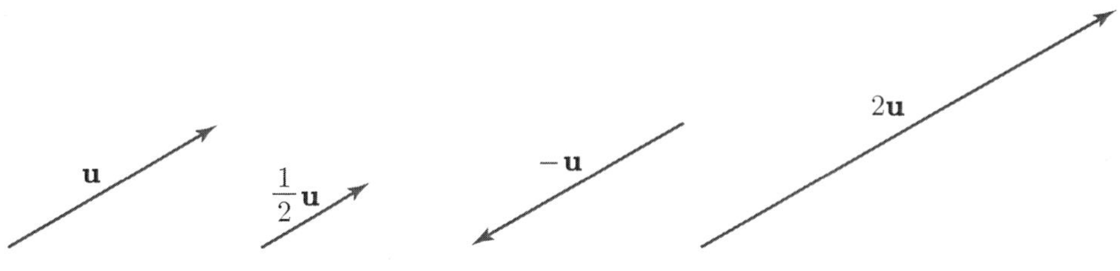


그림 4.4:

벡터의 합과 스칼라곱은 다음과 같은 성질을 만족시킨다.

**정 리** **4.1** 평면벡터(또는 삼차원 공간벡터) $\mathbf{u}, \mathbf{v}, \mathbf{w}$와 $\alpha, \beta \in \mathbf{R}$에 대하여 다음이 성립한다.

(1) $\mathbf{u} + \mathbf{v} = \mathbf{v} + \mathbf{u}$

(2) $(\mathbf{u} + \mathbf{v}) + \mathbf{w} = \mathbf{u} + (\mathbf{v} + \mathbf{w})$

(3) $\mathbf{u} + \mathbf{0} = \mathbf{u}$

(4) $\mathbf{u} + (-\mathbf{u}) = (-\mathbf{u}) + \mathbf{u} = \mathbf{0}$

(5) $\alpha(\mathbf{u}+\mathbf{v}) = \alpha\mathbf{u} + \alpha\mathbf{v}$

(6) $(\alpha + \beta)\mathbf{u} = \alpha\mathbf{u} + \beta\mathbf{u}$

(7) $\alpha(\beta\mathbf{u}) = (\alpha\beta)\mathbf{u}$

(8) $1\mathbf{u} = \mathbf{u}$

【증명】 (1), (2)는 그림 4.5의 기하학적 고찰에서 쉽게 확인된다.

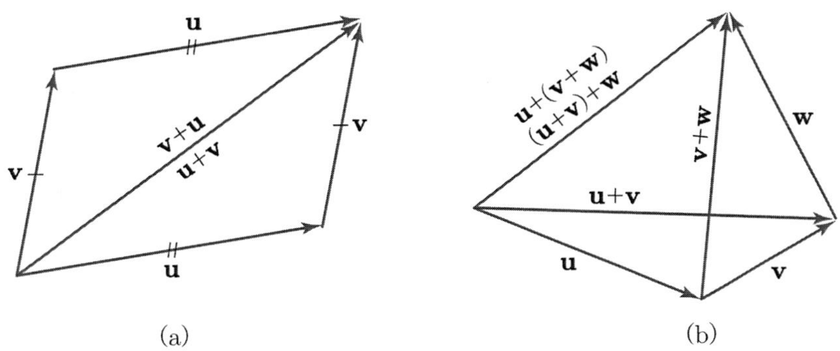


그림 4.5:

(5)는 그림 4.6의 기하학적 고찰에서 쉽게 확인된다. 나머지도 정의로부터 쉽게 확인이 가능하다. □

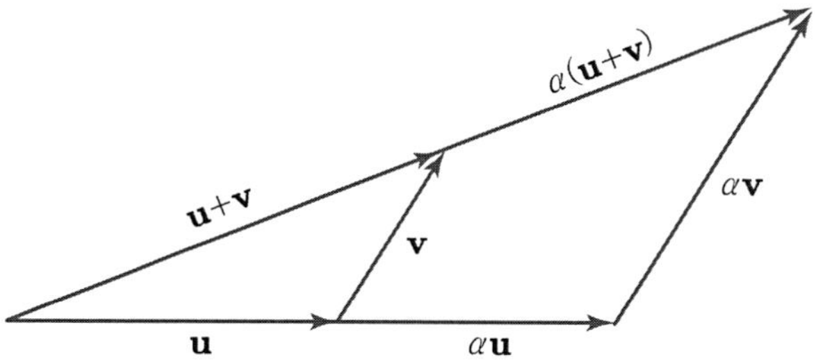


그림 4.6:

## 4.2 벡터의 대수적 표현

지금까지 다룬 기하학적인 벡터의 개념을 대수적으로 표현하면 여러 가지 계산과 증명을 간단히 할 수 있게 된다. 이제부터 $\mathbf{R}^2$과 $\mathbf{R}^3$을 사용해서 각각 평면벡터와 삼차원 공간벡터를 대수적으로 표현하는 방법에 대해 알아보기로 하자.

벡터들은 평행이동을 해도 본질적으로 변하지 않으므로, 모든 벡터를 시점이 원점이 되도록 평행이동을 시키고 나면 종점과 그 벡터를 동일시할 수 있다. 이렇게 시점이 원점 $O$에 고정된 벡터를 위치벡터(position vector)라고 한다. 즉, 삼차원 공간벡터 $\mathbf{u}$는 위치벡터의 종점의 좌표 $(a, b, c)$로 표시할 수 있다. 이때 $a$, $b$, $c$를 각각 벡터 $\mathbf{u}$의 $x$-성분, $y$-성분, $z$-성분이라고 부르고 $(a, b, c)$를 $\mathbf{u}$의 성분 표시(component representation)라고 부른다. 그리고

$$\mathbf{u} = (a, b, c)$$

라고 쓴다. 평면벡터의 경우는 $(a, b)$ 또는 $(a, b, 0)$이 된다.(그림 4.7).

위치벡터의 표시법을 쓰면 앞에서 다룬 벡터의 성질을 더욱 간단히 설명할 수 있다. 영벡터는 $\mathbf{0} = (0,\ 0,\ 0)$으로 나타낼 수 있으며, 위치벡터 $\mathbf{u} = (u_1,\ u_2,\ u_3)$, $\mathbf{v} = (v_1,\ v_2,\ v_3)$에 대해 다음과 같은 사실이 성립한다.

$$\mathbf{u} = \mathbf{v} \iff u_1 = v_1,\ u_2 = v_2,\ u_3 = v_3$$

$$\mathbf{u} + \mathbf{v} = (u_1,\ u_2,\ u_3) + (v_1,\ v_2,\ v_3) = (u_1 + v_1,\ u_2 + v_2,\ u_3 + v_3)$$

$$\alpha\mathbf{u} = \alpha(u_1,\ u_2,\ u_3) = (\alpha u_1,\ \alpha u_2,\ \alpha u_3), \quad \alpha \in \mathbf{R}$$

또한 시점이 $P = (u_1,\ u_2,\ u_3)$이고 종점이 $Q = (v_1,\ v_2,\ v_3)$인 벡터 $\overrightarrow{PQ}$를 성분으로 나타내면

$$\overrightarrow{PQ} = (v_1 - u_1,\ v_2 - u_2,\ v_3 - u_3)$$

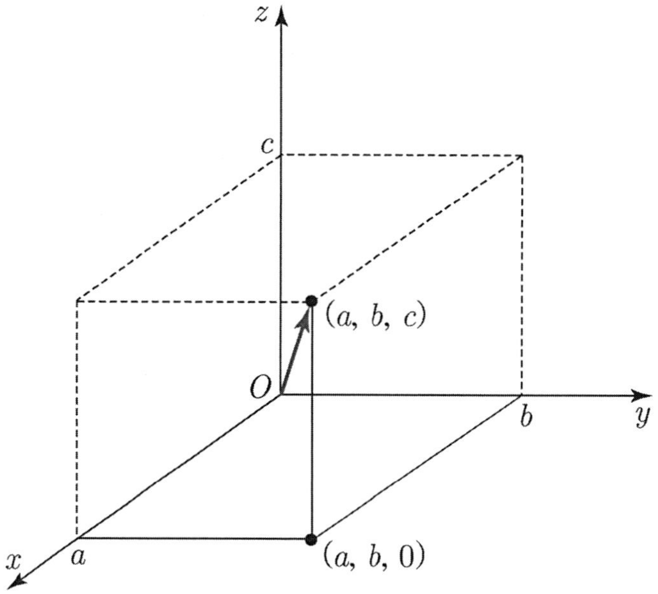


그림 4.7:

가 된다.

**예 제** **4.2** $\mathbf{u} = (1,\ -2,\ 1)$, $\mathbf{v} = (4,\ 1,\ -1)$, $\mathbf{w} = (-1,\ 2,\ 3)$일 때 $\mathbf{u}+\mathbf{v}$, $4\mathbf{w}$, $3\mathbf{u} - \mathbf{v} + \mathbf{w}$를 구하여라.

【풀이】

$$\mathbf{u}+\mathbf{v} = (1,\ -2,\ 1) + (4,\ 1,\ -1) = (1+4,\ -2+1,\ 1-1) = (5,\ -1,\ 0),$$

$$4\mathbf{w} = 4(-1,\ 2,\ 3) = (4 \times (-1),\ 4 \times 2,\ 4 \times 3) = (-4,\ 8,\ 12),$$

$$\begin{aligned} 3\mathbf{u} - \mathbf{v} + \mathbf{w} &= 3(1,\ -2,\ 1) - (4,\ 1,\ -1) + (-1,\ 2,\ 3) \\ &= (3,\ -6,\ 3) + (-4,\ -1,\ 1) + (-1,\ 2,\ 3) \\ &= (3-4-1,\ -6-1+2,\ 3+1+3) \\ &= (-2,\ -5,\ 7). \end{aligned}$$

□

**정 리** **4.3** $\mathbf{R}^2$ 또는 $\mathbf{R}^3$의 벡터 $\mathbf{u}$, $\mathbf{v}$, $\mathbf{w}$와 임의의 $\alpha, \beta \in \mathbf{R}$에 대하여 다음 성질이 성립한다.

(1) $\mathbf{u}+\mathbf{v}=\mathbf{v}+\mathbf{u}$ [합에 관한 교환법칙]

(2) $(\mathbf{u}+\mathbf{v})+\mathbf{w}=\mathbf{u}+(\mathbf{v}+\mathbf{w})$ [합에 관한 결합법칙]

(3) $\mathbf{u}+\mathbf{0}=\mathbf{0}+\mathbf{u}=\mathbf{u}$ [항등원의 존재]

(4) $\mathbf{u}+(-\mathbf{u})=(-\mathbf{u})+\mathbf{u}=\mathbf{0}$ [역원의 존재]

(5) $\alpha(\mathbf{u}+\mathbf{v})=\alpha\mathbf{u}+\alpha\mathbf{v}$ [벡터의 분배법칙]

(6) $(\alpha+\beta)\mathbf{u}=\alpha\mathbf{u}+\beta\mathbf{u}$ [스칼라의 분배법칙]

(7) $\alpha(\beta\mathbf{u})=(\alpha\beta)\mathbf{u}$ [스칼라의 결합법칙]

(8) $1\mathbf{u}=\mathbf{u}$ [항등법칙]

【증명】 (1)

$$\begin{aligned}\mathbf{u}+\mathbf{v} &= (u_1,\ u_2,\ u_3)+(v_1,\ v_2,\ v_3)\\ &= (u_1+v_1,\ u_2+v_2,\ u_3+v_3)\\ &= (v_1+u_1,\ v_2+u_2,\ v_3+u_3)\\ &= (v_1,\ v_2,\ v_3)+(u_1,\ u_2,\ u_3)\\ &= \mathbf{v}+\mathbf{u}\end{aligned}$$

나머지도 평면벡터나 공간벡터에 대해 성분 표시를 한 후 계산을 하면 쉽게 보일 수 있다. □

앞에서 크기가 1인 벡터를 단위벡터라 했는데 특히,

$$\mathbf{e}_1 = (1,0,0),\ \mathbf{e}_2 = (0,1,0),\ \mathbf{e}_3 = (0,0,1)$$

을 각각 $x$ 축 방향, $y$ 축 방향, $z$ 축 방향의 표준단위벡터(standard unit vector)라고 부른다. 모든 삼차원 공간벡터 $\mathbf{v} = (a,b,c) \in \mathbf{R}^3$ 은

$$\mathbf{v} = (a,b,c) = a\,\mathbf{e}_1 + b\,\mathbf{e}_2 + c\,\mathbf{e}_3$$

로 표시된다.

## 4.3 벡터의 내적

두 벡터 사이의 연산 중 하나인 내적에 대해 알아보자. 내적은 대수적인 계산으로 정의되지만 두 벡터의 기하학적 성질을 표현하기도 한다. 또한 공학분야에서 가중치 개념과 유사 벡터의 개념에 활용되기도 한다.

---

**정 의 4.4** $\mathbf{R}^3$의 벡터 $\mathbf{u} = (u_1, u_2, u_3)$와 $\mathbf{v} = (v_1, v_2, v_3)$의 내적(inner product)을

$$\mathbf{u} \cdot \mathbf{v} = u_1 v_1 + u_2 v_2 + u_3 v_3$$

로 정의한다.

---

성분을 사용하여 공간벡터 $\mathbf{u} = (u_1, u_2, u_3)$의 크기를 계산하면 피타고라스 정리에 의해

$$\|\mathbf{u}\| = \sqrt{u_1^2 + u_2^2 + u_3^2}$$

이다(연습문제).

특히 $\mathbf{u} \cdot \mathbf{u} = u_1^2 + u_2^2 + u_3^2 = \|\mathbf{u}\|^2$이므로

$$\|\mathbf{u}\| = \sqrt{\mathbf{u} \cdot \mathbf{u}}$$

이다.

벡터의 내적은 공학분야에서 가중치를 표현할 때 많이 사용한다.

**예 제 4.5** 3명의 학생들의 1학기 각 과목 평점이 아래와 같이

(글쓰기, 영어, 수학, 물리, 물리실험)

의 벡터로 표시되었다고 하자.

$$\mathbf{a} = (3.0, 3.5, 3.0, 4.0, 3.5),$$
$$\mathbf{b} = (4.0, 4.0, 3.5, 3.0, 4.5),$$
$$\mathbf{c} = (3.0, 3.5, 4.5, 4.0, 3.5).$$

각 과목의 이수학점은 벡터

$$\mathbf{w} = (\text{글쓰기}, \text{영어}, \text{수학}, \text{물리}, \text{물리실험}) = (1, 2, 3, 3, 1)$$

이다. 가중치가 없는 단순 평점평균과 학점에 따른 가중치를 부여한 가중 평점평균을 계산하여라.

【풀이】 학생들의 단순 평점평균을 계산하면

$$\mathbf{a}\text{의 평점평균} = \frac{3.0 + 3.5 + 3.0 + 4.0 + 3.5}{5} = 3.4$$
$$\mathbf{b}\text{의 평점평균} = \frac{4.0 + 4.0 + 3.5 + 3.0 + 4.5}{5} = 3.8$$
$$\mathbf{c}\text{의 평점평균} = \frac{3.0 + 3.5 + 4.5 + 4.0 + 3.5}{5} = 3.7$$

로서 $\mathbf{b}$가 높다. 이수학점 벡터와 성적 벡터의 내적을 구한 뒤 총학점인 10으로 나누어주면 가중 평점평균이 되므로

$$\mathbf{a}\text{의 가중평점평균} = \frac{\mathbf{w} \cdot \mathbf{a}}{10} = \frac{(1, 2, 3, 3, 1) \cdot (3.0, 3.5, 3.0, 4.0, 3.5)}{10} = 3.45$$
$$\mathbf{b}\text{의 가중평점평균} = \frac{\mathbf{w} \cdot \mathbf{b}}{10} = \frac{(1, 2, 3, 3, 1) \cdot (4.0, 4.0, 3.5, 3.0, 4.5)}{10} = 3.6$$
$$\mathbf{c}\text{의 가중평점평균} = \frac{\mathbf{w} \cdot \mathbf{c}}{10} = \frac{(1, 2, 3, 3, 1) \cdot (3.0, 3.5, 4.5, 4.0, 3.5)}{10} = 3.9$$

로서 $\mathbf{c}$가 제일 높다. □

내적은 3차원 벡터 사이의 각을 구할 때 매우 유용하다. 또한 내적은 4

차 이상의 벡터들 사이에 각을 정의하는데 사용하기도 한다.

**정 리** **4.6** $\mathbf{R}^3$의 벡터 $\mathbf{u} = (u_1,\ u_2,\ u_3)$와 $\mathbf{v} = (v_1,\ v_2,\ v_3)$의 사잇각을 $\theta\ (0 \le \theta \le \pi)$라 하면

$$\mathbf{u} \cdot \mathbf{v} = \|\mathbf{u}\|\|\mathbf{v}\| \cos\theta$$

이다. 따라서 영벡터가 아닌 **u, v**에 대하여

$$\cos\theta = \frac{\mathbf{u} \cdot \mathbf{v}}{\|\mathbf{u}\|\|\mathbf{v}\|} = \frac{u_1v_1 + u_2v_2 + u_3v_3}{\sqrt{u_1^2 + u_2^2 + u_3^2}\ \sqrt{v_1^2 + v_2^2 + v_3^2}} \tag{4.1}$$

이다. 평면벡터의 경우는 $u_3 = v_3 = 0$인 경우이다.

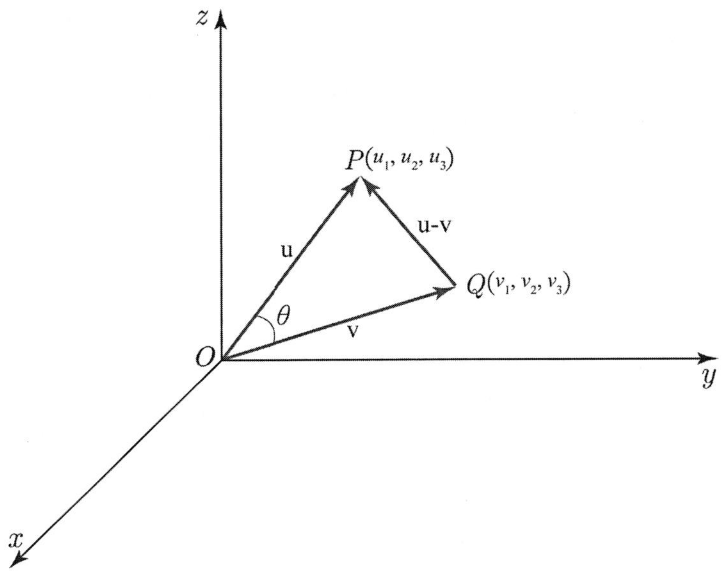


그림 4.8: 공간 벡터의 사잇각

【증명】 그림 4.8에서 삼각형의 세변의 길이가 $\|\mathbf{u}\|$, $\|\mathbf{v}\|$, $\|\mathbf{u} - \mathbf{v}\|$이므로

제2코사인 법칙에 의해 다음을 얻는다.

$$\begin{aligned}2\|\mathbf{u}\|\cdot\|\mathbf{v}\|\cos\theta &= \|\mathbf{u}\|^2+\|\mathbf{v}\|^2-\|\mathbf{u}-\mathbf{v}\|^2\\ &= u_1^2+u_2^2+u_3^2+v_1^2+v_2^2+v_3^2\\ &\qquad -((u_1-v_1)^2+(u_2-v_2)^2+(u_3-v_3)^2)\\ &= 2(u_1v_1+u_2v_2+u_3v_3).\end{aligned}$$

따라서 $\|\mathbf{u}\|\cdot\|\mathbf{v}\|\cos\theta = u_1v_1+u_2v_2+u_3v_3=\mathbf{u}\cdot\mathbf{v}$.

□

두 벡터 $\mathbf{u}$, $\mathbf{v}$가 있어서 $\mathbf{u}\cdot\mathbf{v}=0$일 때 이들은 서로 직교(orthogonal)한다 또는 서로 수직(perpendicular)이다라고 한다.

위 식 4.1의 특징을 살펴보면, 두 벡터가 반대 방향이면 코사인 값이 $-1$이 되어 내적은 최솟값을 가지고, 두 벡터가 같은 방향이면 코사인 값이 1이 되어 내적은 최댓값을 가진다. 또한 두 벡터가 평행하지 않을 경우 내적은 반대 방향일 때와 같은 방향일 때의 중간값을 가진다.

**예 제** **4.7** 벡터 $\mathbf{u}=(2,\,-1,\,1)$, $\mathbf{v}=(1,\,1,\,2)$에 있어서 $\mathbf{u}$와 $\mathbf{v}$의 사잇각 $\theta$ $(0\le\theta\le\pi)$를 구하여라.

【풀이】 $\|\mathbf{u}\|=\sqrt{2^2+(-1)^2+1^2}=\sqrt{6}$, $\|\mathbf{v}\|=\sqrt{1^2+1^2+2^2}=\sqrt{6}$이고 $\mathbf{u}\cdot\mathbf{v}=(2,\,-1,\,1)\cdot(1,\,1,\,2)=3$이므로 $\mathbf{u}\cdot\mathbf{v}=\|\mathbf{u}\|\,\|\mathbf{v}\|\cos\theta$으로부터

$$\cos\theta=\frac{3}{\sqrt{6}\sqrt{6}}=\frac{1}{2}$$

이다. 따라서 $\theta=\pi/3$이다. □

**예 제** **4.8** $\mathbf{R}^3$의 각 축 방향의 단위벡터 $\mathbf{e}_1$, $\mathbf{e}_2$, $\mathbf{e}_3$로 이루어진 정육면체의 대각선과 $x$축이 이루는 각 $\theta$ $(0\le\theta\le\pi)$를 구하여라.

【풀이】 벡터 $\mathbf{e}_1 = (1, 0, 0)$, $\mathbf{e}_2 = (0, 1, 0)$, $\mathbf{e}_3 = (0, 0, 1)$로 이루어진 정육면체의 대각선에 대응하는 벡터를 $\mathbf{u}$라고 놓자(그림 4.9). 그러면 $\mathbf{u} = \mathbf{e}_1 + \mathbf{e}_2 + \mathbf{e}_3 = (1, 1, 1)$이다. 구하려는 사잇각 $\theta$는 두 벡터 $\mathbf{u}$와 $\mathbf{e}_1$의 사잇각에 해당하므로 $\mathbf{u}\cdot\mathbf{e}_1 = \|\mathbf{u}\|\,\|\mathbf{e}_1\|\cos\theta$으로부터 얻을 수 있다. 여기서 $\mathbf{u}\cdot\mathbf{e}_1 = 1$, $\|\mathbf{u}\| = \sqrt{\mathbf{u}\cdot\mathbf{u}} = \sqrt{3}$이고, $\mathbf{e}_1$는 단위벡터이므로 $\|\mathbf{e}_1\| = 1$이다. 따라서

$$\cos\theta = \frac{\mathbf{u}\cdot\mathbf{e}_1}{\|\mathbf{u}\|\,\|\mathbf{e}_1\|} = \frac{\sqrt{3}}{3} \approx 54°44'$$

이다. 그러므로 $\theta = \cos^{-1}(1/\sqrt{3})$이다. □

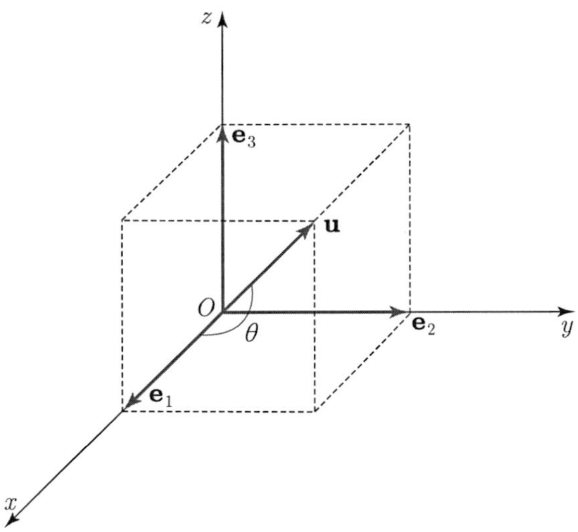


그림 4.9:

**참 고** **4.9** 데이터 과학 등의 공학분야에서는 두 벡터의 내적의 크기가 클수록 두 벡터가 같은 방향을 향하고 있으며, 내적이 작을수록 반대 방향을 향하고 있다고 평가한다. 즉, 내적으로 두 벡터의 상대적 유사성을 측정할 수 있다. 아래 예를 통해서 개념을 이해하자.

**예 제** **4.10** 벡터 $\mathbf{u} = (1,1)$와 크기가 일정한 네 벡터

$$\mathbf{v} = (1,2),\ \mathbf{w} = (1,-2),\ \mathbf{x} = (\sqrt{\frac{5}{2}}, -\sqrt{\frac{5}{2}}),\ \mathbf{y} = (-1,-2)$$

가 있을 때 $\mathbf{u}$와 나머지 벡터에 대한 내적을 구하고, 내적의 크기와 두 벡터의 방향에 어떤 관계가 있는지 설명하여라. 또, 벡터 $\mathbf{u}$와 가장 유사한 벡터를 구하여라.

【풀이】 벡터 $\mathbf{u}$와 나머지 벡터들의 내적을 구하면

$$\mathbf{u}\cdot\mathbf{v} = (1,1)\cdot(1,2) = 3,$$
$$\mathbf{u}\cdot\mathbf{w} = (1,1)\cdot(1,-2) = -1,$$
$$\mathbf{u}\cdot\mathbf{x} = (1,1)\cdot(\sqrt{\frac{5}{2}}, -\sqrt{\frac{5}{2}}) = 0,$$
$$\mathbf{u}\cdot\mathbf{y} = (1,1)\cdot(-1,-2) = -3$$

이다. 실제로 좌표 평면에서 확인하면, 두 벡터 $\mathbf{u}, \mathbf{v}$는 비슷한 방향을 향하고 있으며, $\mathbf{u}, \mathbf{w}$는 거의 수직인 방향이고, $\mathbf{u}, \mathbf{x}$는 수직을 이루며, $\mathbf{u}, \mathbf{y}$는 거의 반대 방향이다. 즉, 내적의 크기가 클수록 같은 방향이 되며, 내적의 크기가 작을수록 반대 방향이 된다. 또한 내적의 절댓값이 0에 가까울수록 수직에 가까운 방향이 된다. 따라서 벡터 $\mathbf{u}$와 가장 유사한 벡터는 내적이 가장 큰 벡터 $\mathbf{v}$이다. □

**예 제** **4.11** 벡터 $\mathbf{u} = (1,1,1)$가 주어지고 크기가 같은 4개의 벡터

$$\mathbf{v} = (1,-1,2),\ \mathbf{w} = (1,1,-2),\ \mathbf{x} = (-1,1,-2),\ \mathbf{y} = (1,1,2)$$

가 있을 때 벡터 $\mathbf{u}$와 가장 유사한 벡터를 구하여라.

【풀이】

$$\begin{aligned}
\mathbf{u}\cdot\mathbf{v} &= (1,1,1)\cdot(1,-1,2) = 2,\\
\mathbf{u}\cdot\mathbf{w} &= (1,1,1)\cdot(1,1,-2) = 0,\\
\mathbf{u}\cdot\mathbf{x} &= (1,1,1)\cdot(-1,1,-2) = -2,\\
\mathbf{u}\cdot\mathbf{y} &= (1,1,1)\cdot(1,1,2) = 4
\end{aligned}$$

이므로 내적이 가장 큰 벡터 $\mathbf{y}$가 벡터 $\mathbf{u}$와 가장 유사하다. □

**참 고** **4.12** 위 예제와 다르게, 비교하는 벡터들의 크기가 일정하지 않을 경우는 먼저 비교하려는 벡터들의 크기를 일정하게 만들어 주어야 한다. 가장 기본적인 방법은 $\dfrac{\mathbf{v}}{\|\mathbf{v}\|}$와 같이 비교하려는 벡터들을 모두 해당 벡터의 크기로 나누는 것이다.

**예** **4.13** 물리학, 공학 등 응용 분야에서 많이 사용되는 다변수 함수의 근사식은 벡터의 내적으로 나타낼 수 있다. 예를 들어 2변수 함수 $f(x,y)$의 근사식은

$$\begin{aligned}
\Delta f &\approx \frac{\partial f}{\partial x}\Delta x + \frac{\partial f}{\partial y}\Delta y\\
&= \left(\frac{\partial f}{\partial x}, \frac{\partial f}{\partial y}\right)\cdot(\Delta x, \Delta y)\\
&= \nabla f \cdot \Delta\mathbf{x}
\end{aligned}$$

이고, 3변수 함수 $f(x,y,z)$의 근사식은 다음과 같다.

$$\begin{aligned}
\Delta f &\approx \frac{\partial f}{\partial x}\Delta x + \frac{\partial f}{\partial y}\Delta y + \frac{\partial f}{\partial z}\Delta z\\
&= \left(\frac{\partial f}{\partial x}, \frac{\partial f}{\partial y}, \frac{\partial f}{\partial z}\right)\cdot(\Delta x, \Delta y, \Delta z)\\
&= \nabla f \cdot \Delta\mathbf{x}
\end{aligned}$$

**정 리** **4.14** [코시-슈바르츠 부등식(Cauchy-Schwarz's Inequality)]
$\mathbf{R}^3$의 벡터 $\mathbf{u}$와 $\mathbf{v}$에 대해 아래 부등식이 성립한다.

$$|\mathbf{u}\cdot\mathbf{v}| \le \|\mathbf{u}\|\,\|\mathbf{v}\|$$

【증명】 벡터 $\mathbf{u}$, $\mathbf{v}$에 대하여

$$|\mathbf{u}\cdot\mathbf{v}| = |\,\|\mathbf{u}\|\,\|\mathbf{v}\|\,\cos\theta\,| \le \|\mathbf{u}\|\,\|\mathbf{v}\|\,|\cos\theta| \le \|\mathbf{u}\|\,\|\mathbf{v}\|$$

이다. $\mathbf{u}$가 $\mathbf{v}$의 스칼라 배이면 $\theta = 0$이거나 $\pi$이므로 $|\cos\theta| = 1$이 되어 등호가 성립하며, 둘 중 하나가 영벡터일 때도 등호가 성립한다. □

**정 리** **4.15** $\mathbf{R}^3$의 벡터 $\mathbf{u}$, $\mathbf{v}$, $\mathbf{w}$와 스칼라 $\alpha \in \mathbf{R}$에 대하여 내적과 관련한 다음 성질이 성립한다.

(1) $\mathbf{u}\cdot\mathbf{v} = \mathbf{v}\cdot\mathbf{u}$

(2) $\mathbf{u}\cdot(\mathbf{v}+\mathbf{w}) = \mathbf{u}\cdot\mathbf{v}+\mathbf{u}\cdot\mathbf{w}$

(3) $\alpha(\mathbf{u}\cdot\mathbf{v}) = (\alpha\mathbf{u})\cdot\mathbf{v} = \mathbf{u}\cdot(\alpha\mathbf{v})$

(4) $\mathbf{u}\cdot\mathbf{u} = 0 \iff \mathbf{u} = \mathbf{0}$

【증명】 $\mathbf{R}^3$의 벡터 $\mathbf{u}$, $\mathbf{v}$, $\mathbf{w}$를 각각 $\mathbf{u} = (u_1, u_2, u_3)$, $\mathbf{v} = (v_1, v_2, v_3)$, $\mathbf{w} = (w_1, w_2, w_3)$라 하자.

(1) $\mathbf{u}\cdot\mathbf{v} = u_1v_1 + u_2v_2 + u_3v_3 = v_1u_1 + v_2u_2 + v_3u_3 = \mathbf{v}\cdot\mathbf{u}$

(2) $\mathbf{u}\cdot(\mathbf{v}+\mathbf{w}) = (u_1,\ u_2,\ u_3)\cdot((v_1,\ v_2,\ v_3)+(w_1,\ w_2,\ w_3))$

$$
\begin{aligned}
&= (u_1,\ u_2,\ u_3)\cdot(v_1+w_1,\ v_2+w_2,\ v_3+w_3)\\
&= u_1(v_1+w_1)+u_2(v_2+w_2)+u_3(v_3+w_3)\\
&= u_1v_1+u_1w_1+u_2v_2+u_2w_2+u_3v_3+u_3w_3\\
&= (u_1v_1+u_2v_2+u_3v_3)+(u_1w_1+u_2w_2+u_3w_3)\\
&= \mathbf{u}\cdot\mathbf{v}+\mathbf{u}\cdot\mathbf{w}
\end{aligned}
$$

(3) $\alpha(\mathbf{u}\cdot\mathbf{v}) = \alpha(u_1v_1+u_2v_2+u_3v_3)$

$$
\begin{aligned}
&= (\alpha u_1)v_1+(\alpha u_2)v_2+(\alpha u_3)v_3\\
&= (\alpha u_1,\ \alpha u_2,\ \alpha u_3)\cdot(v_1,\ v_2,\ v_3)\\
&= (\alpha(u_1,\ u_2,\ u_3))\cdot(v_1,\ v_2,\ v_3)\\
&= (\alpha\mathbf{u})\cdot\mathbf{v}
\end{aligned}
$$

마찬가지 방법으로 $\alpha(\mathbf{u}\cdot\mathbf{v}) = \mathbf{u}\cdot(\alpha\mathbf{v})$임을 보일 수 있다.

(4) $\mathbf{u} = (u_1,\ u_2,\ u_3)$라고 놓자. $\mathbf{u} = \mathbf{0}$이면, $u_1 = u_2 = u_3 = 0$이므로

$$\mathbf{u}\cdot\mathbf{u} = (0,\ 0,\ 0)\cdot(0,\ 0,\ 0) = 0+0+0 = 0$$

이다. 그러나 $\mathbf{u} \neq \mathbf{0}$이면 $u_1,\ u_2,\ u_3$ 중 적어도 하나는 0이 아니다. 따라서,

$$\mathbf{u}\cdot\mathbf{u} = u_1^2+u_2^2+u_2^3 \neq 0$$

이다.

□

이 장에서 지금까지 다룬 벡터의 합, 스칼라곱, 크기, 내적에 관한 성질들은 자연스럽게 $\mathbf{R}^n$ 공간으로 확장할 수 있다.

**예 4.16** $\mathbf{R}^4$의 두 벡터 $(0,2,6,1)$, $(2,2,4,9)$의 내적을 구하면 $(0,2,6,1)\cdot(2,2,4,9) = 0\cdot2+2\cdot2+6\cdot4+1\cdot9 = 37$이다. 또한 이 두 벡터가 이루는

각은

$$\theta = \cos^{-1} \frac{(0,2,6,1)\cdot(2,2,4,9)}{\|(0,2,6,1)\|\|(2,2,4,9)\|} = \cos^{-1} \frac{37}{\sqrt{41}\sqrt{106}}$$

이다.

영벡터가 아닌 두 벡터 $\mathbf{u}$와 $\mathbf{v}$가 나란한(parallel) 방향을 가진다는 것은 어떤 $\alpha \in \mathbf{R}$에 대해

$$\mathbf{u} = \alpha\mathbf{v}$$

인 경우를 말한다. 따라서 나란한 방향은 같은 방향과 반대 방향을 모두 포함한 경우를 말한다. 특히, $\mathbf{u}$와 같은 방향의 단위벡터는 $\dfrac{\mathbf{u}}{\|\mathbf{u}\|}$ 로 간단히 구할 수 있다.

**예 제** **4.17** 벡터 $\mathbf{u} = (1,-1,1)$에 대해 같은 방향의 단위벡터와 반대 방향의 단위벡터를 구하여라.

【풀이】 $\|\mathbf{u}\| = \sqrt{3}$이므로 같은 방향의 단위벡터는 $\dfrac{\mathbf{u}}{\|\mathbf{u}\|} = \dfrac{\sqrt{3}}{3}(1,-1,1)$, 반대 방향의 단위벡터는 $-\dfrac{\mathbf{u}}{\|\mathbf{u}\|} = -\dfrac{\sqrt{3}}{3}(1,-1,1)$이다. □

영벡터가 아닌 두 벡터 $\mathbf{u}$와 $\mathbf{v}$가 있을 때, $\mathbf{v}$를 기준으로 $\mathbf{u}$를 두 가지 방향으로 분해할 수 있다. 한 방향은 $\mathbf{v}$와 나란한 방향이고 다른 하나는 $\mathbf{v}$와 수직인 방향이다.

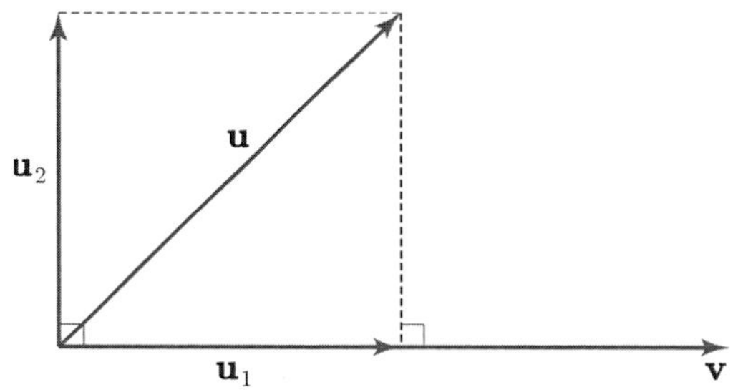


그림 4.10: 벡터의 분해

실제로 벡터 $\mathbf{u}$를 $\mathbf{v}$의 방향으로 정사영 시켰을 때의 길이는 사잇각을 $\theta$

라고 했을 때

$$\|\mathbf{u}\| \cos\theta = \frac{\mathbf{u}\cdot\mathbf{v}}{\|\mathbf{v}\|}$$

이고 $\mathbf{v}$의 방향의 단위벡터는 $\dfrac{\mathbf{v}}{\|\mathbf{v}\|}$로 구할 수 있으므로

$$\mathbf{u}_1 = \frac{\mathbf{u}\cdot\mathbf{v}}{\|\mathbf{v}\|} \times \frac{\mathbf{v}}{\|\mathbf{v}\|} = \frac{\mathbf{u}\cdot\mathbf{v}}{\mathbf{v}\cdot\mathbf{v}}\mathbf{v}$$

가 원하는 $\mathbf{v}$와 나란한 방향을 가지는 벡터이다. 이제 이 벡터를 $\mathbf{u}$에서 뺀

$$\mathbf{u}_2 = \mathbf{u} - \frac{\mathbf{u}\cdot\mathbf{v}}{\mathbf{v}\cdot\mathbf{v}}\mathbf{v}$$

는 $\mathbf{v}$와 수직이 된다. 실제로

$$\left(\mathbf{u} - \frac{\mathbf{u}\cdot\mathbf{v}}{\mathbf{v}\cdot\mathbf{v}}\mathbf{v}\right)\cdot\mathbf{v} = \mathbf{u}\cdot\mathbf{v} - \frac{\mathbf{u}\cdot\mathbf{v}}{\mathbf{v}\cdot\mathbf{v}}\mathbf{v}\cdot\mathbf{v} = \mathbf{u}\cdot\mathbf{v} - \mathbf{u}\cdot\mathbf{v} = 0$$

이다. 위의 설명을 정리하면 다음과 같다.

**정 리 4.18** 영벡터가 아닌 두 벡터 $\mathbf{u}$와 $\mathbf{v}$가 있을 때

$$\mathbf{u} = \mathbf{u}_1 + \mathbf{u}_2$$

이면서 $\mathbf{u}_1 = \alpha\mathbf{v}$, $\mathbf{u}_2 \perp \mathbf{v}$인 $\mathbf{u}_1$, $\mathbf{u}_2$를 찾을 수 있다. 실제로

$$\mathbf{u}_1 = \frac{\mathbf{u}\cdot\mathbf{v}}{\mathbf{v}\cdot\mathbf{v}}\mathbf{v}, \quad \mathbf{u}_2 = \mathbf{u} - \mathbf{u}_1$$

로 주어진다.

이때 $\mathbf{u}_1 = \dfrac{\mathbf{u}\cdot\mathbf{v}}{\mathbf{v}\cdot\mathbf{v}}\mathbf{v}$를 벡터 $\mathbf{u}$의 $\mathbf{v}$에 대한 정사영(orthogonal projection)이라고 하고 실수 $\dfrac{\mathbf{u}\cdot\mathbf{v}}{\mathbf{v}\cdot\mathbf{v}}$를 벡터 $\mathbf{u}$의 $\mathbf{v}$ 성분이라고 부른다.

**예 제** **4.19** 벡터 $\mathbf{u} = (1, -1, 1)$과 $\mathbf{v} = (-1, -1, -1)$가 있을 때 $\mathbf{u}$의 $\mathbf{v}$에 대한 정사영을 구하여라.

【풀이】 $\mathbf{u}\cdot\mathbf{v} = (1, -1, 1)\cdot(-1, -1, -1) = -1$이고 $\mathbf{v}\cdot\mathbf{v} = (-1)^2 + (-1)^2 + (-1)^2 = 3$이므로

$$\frac{\mathbf{u}\cdot\mathbf{v}}{\mathbf{v}\cdot\mathbf{v}}\mathbf{v} = \left(\frac{1}{3}, \frac{1}{3}, \frac{1}{3}\right)$$

이다. □

## 4.4 공간벡터의 외적

이 절에서는 기하학, 물리학, 공학에서 많이 쓰이는 삼차원 공간벡터의 외적(cross product)에 대하여 살펴보기로 한다. 앞에서 살펴본 바와 같이 두 벡터를 내적할 경우 결과 값은 실수 값이다. 그러나 두 개의 삼차원 공간벡터에 대한 외적은 새로운 삼차원 공간벡터를 생성한다. 삼차원 공간벡터 $\mathbf{u}$와 $\mathbf{v}$에 대한 외적은

$$\mathbf{u} \times \mathbf{v}$$

라고 표기하는데, 벡터는 크기와 방향으로 결정되므로 $\mathbf{u} \times \mathbf{v}$의 크기와 방향을 아래와 같이 정한다.

(1) $\mathbf{u} \times \mathbf{v}$의 크기는 두 벡터가 만들어내는 평행사변형의 넓이와 같다. 즉, 두 벡터의 사잇각을 $\theta$라고 했을 때 $||\mathbf{u}||\,||\mathbf{v}||\sin\theta$로 주어진다.

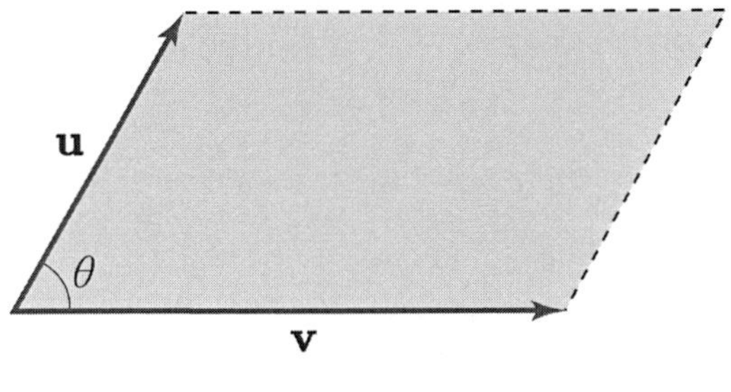


그림 4.11:

(2) $\mathbf{u} \times \mathbf{v}$의 방향은 $\mathbf{u}$와 $\mathbf{v}$에 동시에 수직이고 오른손 법칙에 따른 방향이다. 즉, 수직인 방향 중에 $\mathbf{u}$를 오른손 검지에 $\mathbf{v}$를 오른손 중지에 놓았을 때 엄지의 방향으로 정한다.

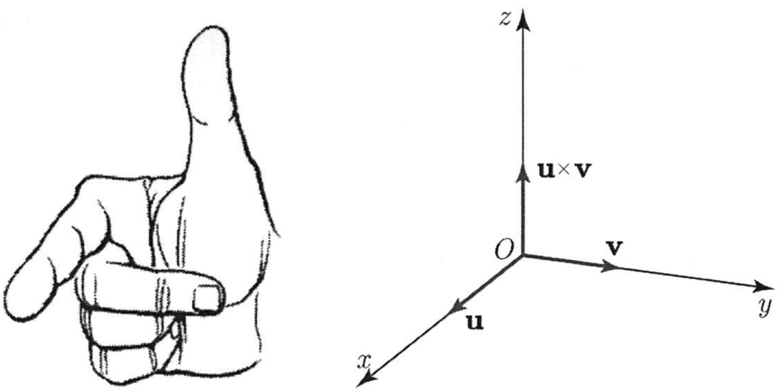


그림 4.12: 오른손법칙

**예** **4.20** 외적의 정의에 의해 단위벡터 $\mathbf{e}_1, \mathbf{e}_2, \mathbf{e}_3$는 다음 관계를 만족시킨다는 것을 알 수 있다.

$$\mathbf{e}_1 \times \mathbf{e}_2 = \mathbf{e}_3,\ \mathbf{e}_2 \times \mathbf{e}_3 = \mathbf{e}_1,\ \mathbf{e}_3 \times \mathbf{e}_1 = \mathbf{e}_2,$$
$$\mathbf{e}_2 \times \mathbf{e}_1 = -\mathbf{e}_3,\ \mathbf{e}_3 \times \mathbf{e}_2 = -\mathbf{e}_1,\ \mathbf{e}_1 \times \mathbf{e}_3 = -\mathbf{e}_2.$$

그리고, 같은 벡터들끼리 외적을 하면 영벡터가 얻어진다. 즉,

$$\mathbf{e}_1 \times \mathbf{e}_1 = \mathbf{e}_2 \times \mathbf{e}_2 = \mathbf{e}_3 \times \mathbf{e}_3 = \mathbf{0}.$$

**정 리** **4.21** 두 개의 3차원 공간벡터 $\mathbf{u} = (u_1,\ u_2,\ u_3)$, $\mathbf{v} = (v_1,\ v_2,\ v_3)$에 대해

$$\mathbf{u} \times \mathbf{v} = \left( \begin{vmatrix} u_2 & u_3 \\ v_2 & v_3 \end{vmatrix}, - \begin{vmatrix} u_1 & u_3 \\ v_1 & v_3 \end{vmatrix}, \begin{vmatrix} u_1 & u_2 \\ v_1 & v_2 \end{vmatrix} \right).$$

【증명】 $\mathbf{u}=(u_1,u_2,u_3)$, $\mathbf{v}=(v_1,v_2,v_3)$에 대해

$$\begin{aligned}\mathbf{u}\times\mathbf{v}&=(u_1\mathbf{e}_1+u_2\mathbf{e}_2+u_3\mathbf{e}_3)\times(v_1\mathbf{e}_1+v_2\mathbf{e}_2+v_3\mathbf{e}_3)\\&=u_1\mathbf{e}_1\times v_1\mathbf{e}_1+u_1\mathbf{e}_1\times v_2\mathbf{e}_2+u_1\mathbf{e}_1\times v_3\mathbf{e}_3\\&\quad+u_2\mathbf{e}_2\times v_1\mathbf{e}_1+u_2\mathbf{e}_2\times v_2\mathbf{e}_2+u_2\mathbf{e}_2\times v_3\mathbf{e}_3\\&\quad+u_3\mathbf{e}_3\times v_1\mathbf{e}_1+u_3\mathbf{e}_3\times v_2\mathbf{e}_2+u_3\mathbf{e}_3\times v_3\mathbf{e}_3\\&=(u_2v_3-u_3v_2)\mathbf{e}_1+(u_3v_1-u_1v_3)\mathbf{e}_2+(u_1v_2-u_2v_1)\mathbf{e}_3\end{aligned}$$

따라서,

$$\mathbf{w}=\mathbf{u}\times\mathbf{v}=\left(\begin{vmatrix}u_2&u_3\\v_2&v_3\end{vmatrix},-\begin{vmatrix}u_1&u_3\\v_1&v_3\end{vmatrix},\quad\begin{vmatrix}u_1&u_2\\v_1&v_2\end{vmatrix}\right).$$

□

**참 고** **4.22** 두 벡터 $\mathbf{u}=(u_1,u_2,u_3)$, $\mathbf{v}=(v_1,v_2,v_3)$에 대해

$$\mathbf{u}\times\mathbf{v}=\begin{vmatrix}u_2&u_3\\v_2&v_3\end{vmatrix}\mathbf{e}_1-\begin{vmatrix}u_1&u_3\\v_1&v_3\end{vmatrix}\mathbf{e}_2+\begin{vmatrix}u_1&u_2\\v_1&v_2\end{vmatrix}\mathbf{e}_3$$

으로 표현되므로 다음과 같은 표기를 종종 쓴다.

$$\mathbf{u}\times\mathbf{v}=\begin{vmatrix}\mathbf{e}_1&\mathbf{e}_2&\mathbf{e}_3\\u_1&u_2&u_3\\v_1&v_2&v_3\end{vmatrix}. \tag{4.2}$$

위의 표기는 행렬식의 전개식과 유사한 모양을 가지기 때문에 쓰는 표기법일 뿐 (첫 번째 행에는 스칼라가 아닌 벡터가 있으므로) 실제 행렬식은 아니므로 유의해야 한다.

외적의 정의에서 벡터 $\mathbf{u}$와 $\mathbf{u}\times\mathbf{v}$는 직교한다. 또한 $\mathbf{v}$도 $\mathbf{u}\times\mathbf{v}$와 직교

한다. 아울러 아래와 같은 사실을 알 수 있다.

**정 리** **4.23** 벡터 $\mathbf{u} = (u_1,\ u_2,\ u_3)$와 $\mathbf{v} = (v_1,\ v_2,\ v_3)$에 대하여 다음이 성립한다.

(1) $\mathbf{u} \cdot (\mathbf{u} \times \mathbf{v}) = 0$

(2) $\mathbf{v} \cdot (\mathbf{u} \times \mathbf{v}) = 0$

(3) $\|\mathbf{u} \times \mathbf{v}\|^2 = \|\mathbf{u}\|^2\|\mathbf{v}\|^2 - (\mathbf{u} \cdot \mathbf{v})^2$

【증명】 (1)과 (2)는 정의에 의해 명백하다.

(3)

$$\begin{aligned}\|\mathbf{u} \times \mathbf{v}\|^2 &= (\|\mathbf{u}\|\|\mathbf{v}\| \sin\theta)^2 \\ &= \|\mathbf{u}\|^2\|\mathbf{v}\|^2 \sin^2\theta \\ &= \|\mathbf{u}\|^2\|\mathbf{v}\|^2(1 - \cos^2\theta) \\ &= \|\mathbf{u}\|^2\|\mathbf{v}\|^2 - \|\mathbf{u}\|^2\|\mathbf{v}\|^2\cos^2\theta \\ &= \|\mathbf{u}\|^2\|\mathbf{v}\|^2 - (\mathbf{u} \cdot \mathbf{v})^2\end{aligned}$$

□

**예 제** **4.24** $\mathbf{u} = (1, 1, -1)$와 $\mathbf{v} = (1, 0, 1)$에 대하여 위 정리가 성립함을 보여라.

【풀이】

$$\mathbf{u} \times \mathbf{v} = \left( \begin{vmatrix} 1 & -1 \\ 0 & 1 \end{vmatrix},\ \ -\begin{vmatrix} 1 & -1 \\ 1 & 1 \end{vmatrix},\ \ \begin{vmatrix} 1 & 1 \\ 1 & 0 \end{vmatrix} \right) = (1,\ -2,\ -1)$$

이므로

$$\mathbf{u}\cdot(\mathbf{u}\times\mathbf{v}) = (1,\ 1,\ -1)\cdot(1,\ -2,\ -1) = 1-2+1 = 0,$$
$$\mathbf{v}\cdot(\mathbf{u}\times\mathbf{v}) = (1,\ 0,\ 1)\cdot(1,\ -2,\ -1) = 1-1 = 0.$$

또한,

$$\|\mathbf{u}\times\mathbf{v}\|^2 = 1^2+(-2)^2+(-1)^2 = 6.$$

$$\begin{aligned}\|\mathbf{u}\|^2\|\mathbf{v}\|^2-(\mathbf{u}\cdot\mathbf{v})^2 &= (1^2+1^2+(-1)^2)(1^2+0^2+1^2) \\ &\quad -(1+0+(-1))^2 \\ &= 3\cdot 2-0 = 6.\end{aligned}$$

따라서 $||\mathbf{u}\times\mathbf{v}||^2 = ||\mathbf{u}||^2||\mathbf{v}||^2-(\mathbf{u}\cdot\mathbf{v})^2$. □

$\mathbf{R}^3$의 세 벡터 $\mathbf{u}$, $\mathbf{v}$, $\mathbf{w}$가 만드는 평행육면체(parallelepiped)는 그림 4.13과 같은 모양을 말한다.

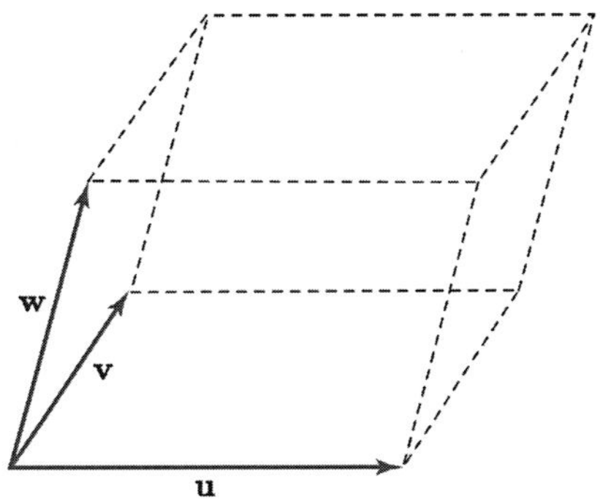


그림 4.13: 평행육면체

평행육면체의 부피는 각 벡터에 의해 만들어진 행렬식의 절댓값이 된다는 것이 알려져 있다.

**정 리** **4.25** $\mathbf{R}^3$의 세 벡터 $\mathbf{u}$, $\mathbf{v}$, $\mathbf{w}$가 만드는 평행육면체의 부피는 세 벡터로 만들어지는 행렬식의 절댓값이다. 즉, $|\det(\mathbf{u}, \mathbf{v}, \mathbf{w})|$이다.

**예 제** **4.26** $\mathbf{R}^3$의 세 벡터 $\mathbf{u}_1 = (1, 1, 0), \mathbf{u}_2 = (1, 1, 1), \mathbf{u}_3 = (0, 2, 3)$으로 만들어지는 평행육면체의 부피를 구하여라. (그림 4.14)

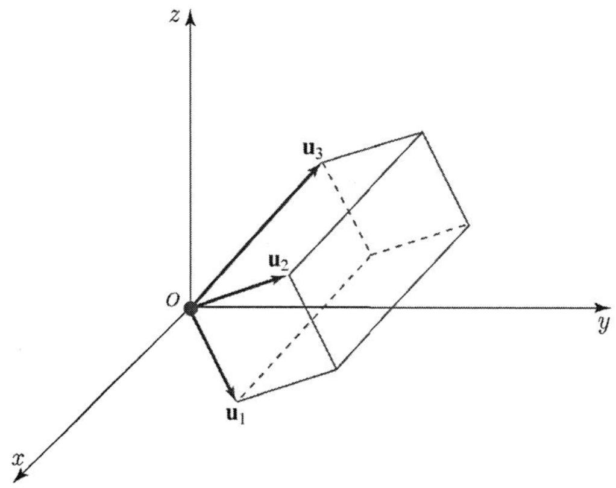


그림 4.14:

【풀이】 주어진 세 벡터로 만들어지는 평행육면체의 부피는 각각의 행이 $(1, 1, 0), (1, 1, 1), (0, 2, 3)$이 되는 행렬식의 절댓값을 구하면 된다.

$$\begin{vmatrix} 1 & 1 & 0 \\ 1 & 1 & 1 \\ 0 & 2 & 3 \end{vmatrix} = -2.$$

따라서 부피는 $|-2| = 2$이다.

□

## 4.5 연습문제 4

1. 벡터 $\mathbf{u} = (1,\ 2,\ 3)$, $\mathbf{v} = (-1,\ 0,\ 1)$에 대하여 다음을 구하여라.

   (1) $\mathbf{u} + \mathbf{v}$ (2) $2\mathbf{u} - 3\mathbf{v}$

   (3) $3\mathbf{u} - 7\mathbf{v}$ (4) $-\mathbf{u} - 2\mathbf{v}$

2. 벡터 $\mathbf{u} = (-1, 3, 2)$, $\mathbf{v} = (1, 1, 1)$, $\mathbf{w} = (-3, 1, 2)$에 대하여 $a\mathbf{u} + b\mathbf{v} + c\mathbf{w} = (-5, -1, 8)$이 되는 수 $a$, $b$, $c$를 구하여라.

3. $\mathbf{R}^4$의 벡터 $\mathbf{u} = (3, 0, 1, 2)$, $\mathbf{v} = (-1, 2, 7, -3)$, $\mathbf{w} = (2, 0, 1, 1)$에 대하여 다음을 구하여라.

   (1) $\|\mathbf{u} + \mathbf{v}\|$ (2) $\|\mathbf{u}\| + \|\mathbf{v}\|$

   (3) $\|-2\mathbf{u}\| + 2\|\mathbf{u}\|$ (4) $\|3\mathbf{u} - 5\mathbf{v} + \mathbf{w}\|$

   (5) $\dfrac{1}{\|\mathbf{w}\|}\mathbf{w}$ (6) $\left\|\dfrac{\mathbf{w}}{\|\mathbf{w}\|}\right\|$

4. $\mathbf{e}_1 = (1, 0, 0)$, $\mathbf{e}_2 = (0, 1, 0)$, $\mathbf{e}_3 = (0, 0, 1)$를 공간상의 기본벡터라고 한다.

   (1) 임의의 벡터 $\mathbf{u} = (x, y, z)$를 $\mathbf{e}_1$, $\mathbf{e}_2$, $\mathbf{e}_3$의 합으로 표시하여라.

   (2) $x\mathbf{e}_1 + y\mathbf{e}_2 + z\mathbf{e}_3 = \mathbf{0}$인 수 $x$, $y$, $z$를 구하여라.

   (3) 벡터 $\mathbf{u} = (u_1, u_2, u_3)$와 $\mathbf{v} = (v_1, v_2, v_3)$에 대하여 $\mathbf{u} + \mathbf{v}$와 $\alpha\mathbf{u}$를 기본벡터 $\mathbf{e}_1$, $\mathbf{e}_2$, $\mathbf{e}_3$로 나타내어라.

5. 피타고라스 정리를 사용하여 벡터 $\mathbf{u} = (u_1, u_2, u_3)$의 크기가

$$\|\mathbf{u}\| = \sqrt{u_1^2 + u_2^2 + u_3^2}$$

   이 됨을 보여라.

6. 아래 주어진 벡터에 대해 내적 $\mathbf{u} \cdot \mathbf{v}$를 계산하여라.

   (1) $\mathbf{u} = (-1,\ 3),\quad \mathbf{v} = (2,\ 4)$

   (2) $\mathbf{u} = (-1,\ 1,\ 4),\quad \mathbf{v} = (3,\ 2,\ -2)$

   (3) $\mathbf{u} = (1,\ -1,\ 1,\ 4),\quad \mathbf{v} = (1,\ 1,\ 2,\ -2)$

   (4) $\mathbf{u} = (-1,\ 1,\ 2,\ 4),\quad \mathbf{v} = (1,\ 0,\ 2,\ -2)$

7. $\mathbf{R}^2$에서 벡터 $(-2,\ 4)$에 직교하고 크기가 1인 벡터 두 개를 찾아라.

8. $\mathbf{R}^3$에서 벡터 $(1,\ -2,\ 4)$에 직교하고 크기가 1인 벡터가 무수히 많음을 보여라.

9. 삼각형 $OPQ$에 관한 코사인법칙

$$\|\overrightarrow{PQ}\|^2 = \|\overrightarrow{OP}\|^2 + \|\overrightarrow{OQ}\|^2 - \|\overrightarrow{OP}\|\,\|\overrightarrow{OQ}\|\cos\theta$$

   을 증명하여라.

10. 벡터 $\mathbf{u} = (1, -1, 1),\ \mathbf{v} = (0, 1, 1),\ \mathbf{w} = (1, 1, 1)$에 대해서 다음을 계산하여라.

   (1) $\mathbf{u} \times \mathbf{w}$

   (2) $\mathbf{u} \times (\mathbf{v} \times \mathbf{w})$

   (3) $(\mathbf{u} \times \mathbf{v}) \times \mathbf{w}$

   (4) $(\mathbf{u} \times \mathbf{v}) \times (\mathbf{v} \times \mathbf{w})$

   (5) $\mathbf{u} \times (\mathbf{v} - \mathbf{w})$

   (6) $(\mathbf{u} \times \mathbf{v}) \cdot \mathbf{w}$

11. $\mathbf{u} = (1, 1, -1), \mathbf{v} = (3, 0, 1)$일 때, $\mathbf{u} \times \mathbf{v}$를 $\mathbf{e}_1, \mathbf{e}_2, \mathbf{e}_3$로 나타내어라.

12. $\mathbf{u} = (-1, 3, 2), \mathbf{v} = (1, 1, -1)$일 때, $\mathbf{u} \times \mathbf{w} = \mathbf{v}$인 벡터 $\mathbf{w}$를 구하여라.

# Chapter 5

# 벡터공간과 기저

앞 장의 정리 4.3 의 8가지 성질은 평면이나 공간에서의 벡터에 관한 특성을 잘 나타낸다. 이러한 특성을 일반화하여 추상적인 벡터를 도입하기로 하자. 추상적인 벡터의 개념은 물리적 벡터뿐만 아니라, 유클리드 공간, 미분방정식의 해, 컴퓨터의 그래픽 자료, 컴퓨터 음성자료, 실험자료 등에서 널리 사용되는 개념이다.

## 5.1 벡터공간

먼저 연산의 개념에 대해 알아보자. 공집합이 아닌 집합 $V$가 합$(+)$의 연산(operation)을 가진다는 뜻은 $V$의 임의의 원소 $\mathbf{u}$, $\mathbf{v}$에 대하여 $\mathbf{u}+\mathbf{v}$가 다시 $V$의 원소가 되는 것이고, 스칼라곱의 연산을 가진다는 의미는 스칼라 $\alpha$와 $\mathbf{u} \in V$에 대하여 $\alpha\mathbf{u} \in V$임을 뜻한다. 즉, 모든 $\mathbf{u}$, $\mathbf{v} \in V$와 스칼라 $\alpha$에 대하여 $\mathbf{u}+\mathbf{v} \in V$이고 $\alpha\mathbf{u} \in V$일 때, $V$는 덧셈과 스칼라곱의 연산을 가진다고 한다.

---

**정 의 5.1** 공집합이 아닌 집합 $V$가 덧셈과 스칼라곱의 연산을 가지면서 다음 8가지 조건을 만족할 때, 집합 $V$를 벡터공간(vector space)이라 한다.

임의의 $\mathbf{u}$, $\mathbf{v}$, $\mathbf{w} \in V$와 스칼라 $\alpha$, $\beta$에 대하여

(1) $\mathbf{u}+\mathbf{v}=\mathbf{v}+\mathbf{u}$ [덧셈에 관한 교환법칙]

(2) $(\mathbf{u}+\mathbf{v})+\mathbf{w}=\mathbf{u}+(\mathbf{v}+\mathbf{w})$ [덧셈에 관한 결합법칙]

(3) $\mathbf{u}+\mathbf{0}=\mathbf{u}$이 되는 $\mathbf{0}$이 $V$내에 존재한다. [항등원의 존재]

(4) $\mathbf{u}+(-\mathbf{u})=\mathbf{0}$인 $-\mathbf{u}$가 $V$내에 존재한다. [역원의 존재]

(5) $\alpha(\mathbf{u}+\mathbf{v})=\alpha\mathbf{u}+\alpha\mathbf{v}$ [벡터의 분배법칙]

(6) $(\alpha+\beta)\mathbf{u}=\alpha\mathbf{u}+\beta\mathbf{u}$ [스칼라의 분배법칙]

(7) $(\alpha\beta)\mathbf{u}=\alpha(\beta\mathbf{u})$ [스칼라의 결합법칙]

(8) 스칼라 1에 대하여 $1\mathbf{u}=\mathbf{u}$ [항등법칙]

---

벡터공간의 각 원소를 벡터(vector)라 하고, 항등원 $\mathbf{0}$을 영벡터(zero vector), 역원 $-\mathbf{u}$를 $\mathbf{u}$의 음벡터(negative vector)라 한다. $\mathbf{u}+(-\mathbf{v})$를

간단히 $\mathbf{u}-\mathbf{v}$라고 쓴다. 영벡터 $\mathbf{0}$과 스칼라 0는 문맥에서 구별된다. 스칼라를 실수 전체의 집합 $\mathbf{R}$로 택할 때, 벡터공간 $V$를 실벡터공간(real vector space)이라 하고 스칼라를 복소수 전체의 집합 $\mathbf{C}$로 택할 때, $V$를 복소벡터공간(complex vector space)이라 한다. 특별한 언급이 없을 때는 실벡터공간을 말한다.

**예 제** **5.2** $\mathbf{R}^2 = \{(x_1,\ x_2) \mid x_1,\ x_2 \in \mathbf{R}\}$의 임의의 원소 $\mathbf{u} = (u_1,\ u_2)$, $\mathbf{v} = (v_1,\ v_2)$와 $\alpha \in \mathbf{R}$에 대하여 합과 스칼라곱을 다음과 같이 정의하면 $\mathbf{R}^2$이 벡터공간임을 보여라.

$$\mathbf{u}+\mathbf{v} = (u_1,\ u_2) + (v_1,\ v_2) = (u_1+v_1,\ u_2+v_2)$$
$$\alpha\mathbf{u} = \alpha(u_1,\ u_2) = (\alpha u_1,\ \alpha u_2)$$

【풀이】 벡터공간의 공리 8개 중에서 나머지는 간단히 성립함을 알 수 있으므로 (3), (4), (8)에 대해서만 알아보자. 실제로 $\mathbf{0} = (0,\ 0)$는 임의의 원소 $\mathbf{u} = (u_1,\ u_2) \in \mathbf{R}^2$에 대하여

$$\mathbf{u}+\mathbf{0} = (u_1,\ u_2) + (0,\ 0) = (u_1+0,\ u_2+0) = (u_1,\ u_2) = \mathbf{u}$$

이다. 또한, $-\mathbf{u} = (-u_1,\ -u_2) \in \mathbf{R}^2$에 대하여

$$\mathbf{u}+(-\mathbf{u}) = (u_1,\ u_2) + (-u_1,\ -u_2) = (u_1-u_1,\ u_2-u_2) = (0,\ 0) = \mathbf{0}$$

이므로 $-\mathbf{u}$는 $\mathbf{u}$의 음벡터이다. 또한 실수 1에 관하여

$$1\mathbf{u} = 1(u_1,\ u_2) = (1u_1,\ 1u_2) = (u_1,\ u_2) = \mathbf{u}$$

이다. 따라서 $\mathbf{R}^2$은 벡터공간이다. □

**예 제** **5.3** $\mathbf{R}^3 = \{(x_1,\ x_2,\ x_3) \mid x_1,\ x_2,\ x_3 \in \mathbf{R}\}$의 원소 $(x_1,\ x_2,\ x_3)$,

$(y_1, y_2, y_3)$와 $\alpha \in \mathbf{R}$에 대하여 합과 스칼라곱을 다음과 같이 정의하면 $\mathbf{R}^3$이 벡터공간임을 보여라.

$$(x_1, x_2, x_3) + (y_1, y_2, y_3) = (x_1 + y_1, x_2 + y_2, x_3 + y_3)$$

$$\alpha(x_1, x_2, x_3) = (\alpha x_1, \alpha x_2, \alpha x_3)$$

【풀이】 벡터공간의 공리 8개 중에서 나머지는 간단히 알 수 있으므로 (3), (4), (8)에 대해서만 알아보자. 실제로 $\mathbf{0} = (0,0,0)$는 임의의 원소 $(x_1, x_2, x_3) \in \mathbf{R}^3$에 대하여

$$(0,0,0) + (x_1, x_2, x_3) = (0 + x_1, 0 + x_2, 0 + x_3) = (x_1, x_2, x_3)$$

이다. 또한, $(-x_1, -x_2, -x_3) \in \mathbf{R}^3$은

$$(x_1, x_2, x_3) + (-x_1, -x_2, -x_3) = (x_1 - x_1, x_2 - x_2, x_3 - x_3) = (0,0,0) = \mathbf{0}$$

이므로 $(-x_1, -x_2, -x_3)$는 $(x_1, x_2, x_3)$의 음벡터이다. 즉,

$$-(x_1, x_2, x_3) = (-x_1, -x_2, -x_3)$$

또한 수 1에 관하여

$$1(x_1, x_2, x_3) = (1x_1, 1x_2, 1x_3) = (x_1, x_2, x_3).$$

따라서 $\mathbf{R}^3$은 벡터공간이다. □

**예 제** **5.4** 영벡터 하나로 이루어진 벡터공간을 영벡터 공간(zero vector space)이라고 한다. 실제로

$$\mathbf{0} + \mathbf{0} = \mathbf{0}$$

$$\alpha \in \mathbf{R},\ \alpha\mathbf{0} = \mathbf{0}$$

이 되어 주어진 공리 8가지를 모두 만족한다.

**예 제** **5.5** 자연수 $n$에 대하여 집합

$$\mathbf{R}^n = \{(x_1,\ x_2,\ \ldots,\ x_n) \mid x_i \in \mathbf{R},\ \ i = 1,\ 2,\ \ldots,\ n\}$$

의 임의의 원소 $\mathbf{u} = (u_1,\ u_2,\ \ldots,\ u_n)$, $\mathbf{v} = (v_1,\ v_2,\ \ldots,\ v_n)$와 $\alpha \in \mathbf{R}$에 대하여 합과 스칼라곱을

$$\mathbf{u} + \mathbf{v} = (u_1 + v_1,\ u_2 + v_2,\ \ldots,\ u_n + v_n),$$
$$\alpha\mathbf{u} = (\alpha u_1,\ \alpha u_2,\ \ldots,\ \alpha u_n)$$

와 같이 정의하면 $\mathbf{R}^n$은 벡터공간이 됨을 보여라. 이 벡터공간을 $n$ 차원 유클리드 공간(Euclidean space)이라 부른다.

【풀이】 항등원 $\mathbf{0} = (0,\ 0,\ \ldots,\ 0)$과 임의의 벡터 $\mathbf{u} = (u_1,\ u_2,\ \ldots,\ u_n) \in \mathbf{R}^n$의 역원 $-\mathbf{u} = (-u_1,\ -u_2,\ \ldots,\ -u_n) \in \mathbf{R}^n$가 존재한다. 또한 벡터공간이 되기 위한 나머지 공리들도 모두 만족하므로 벡터공간이다. □

**예 제** **5.6** 복소수 $\mathbf{C}$에 대하여 집합
$\mathbf{C}^n = \{(z_1,\ z_2,\ \cdots,\ z_n) \mid z_i \in \mathbf{C},\ i = 1,\ 2,\ \cdots,\ n\}$이 벡터공간임을 보여라.

【풀이】 위 예제와 마찬가지로
$(x_1,\ x_2,\ \cdots,\ x_n)$, $(y_1,\ y_2,\ \cdots,\ y_n) \in \mathbf{C}^n$과 $\alpha \in \mathbf{R}$에 대하여

$$(x_1,\ x_2,\ \cdots,\ x_n) + (y_1,\ y_2,\ \cdots, y_n) = (x_1 + y_1,\ x_2 + y_2,\ \cdots,\ x_n + y_n),$$

$$\alpha(x_1,\ x_2,\ \cdots,\ x_n) = (\alpha x_1,\ \alpha x_2,\ \cdots,\ \alpha x_n),$$

으로 정의하면

$$\mathbf{0} = (0,\ 0,\ \cdots,\ 0),$$

$$-(x_1,\ x_2,\ \cdots,\ x_n) = (-x_1,\ -x_2,\ \cdots,\ -x_n)$$

가 되어 공리를 모두 만족한다. 따라서 벡터공간이다. □

**예 제** **5.7** 실수 $\mathbf{R}$ 위의 $m \times n$ 행렬 전체의 집합 $M_{m\times n}$은 행렬의 합과 행렬의 스칼라곱을 두 연산으로 하는 벡터공간을 이룸을 보여라. 이 공간을 행렬공간(matrix space)이라 부른다.

【풀이】 행렬의 합과 스칼라곱의 정의에 따라 벡터공간의 조건 (1) ∼ (8)이 성립함을 쉽게 확인할 수 있다. 영행렬이 영벡터이고 행렬 $A = \left(a_{ij}\right) \in M_{m\times n}$의 음벡터는 행렬 $-A = \left(-a_{ij}\right)$ 이다. □

**예 제** **5.8** 다항식 전체의 집합 $P$는 다항식의 덧셈과 스칼라곱에 대해 벡터공간을 이룸을 보여라. 이 공간을 다항식 공간(polynomial space)이라 부른다.

【풀이】 임의의 다항식

$$\begin{aligned} f(x) &= a_0 + a_1x + a_2x^2 + \cdots + a_mx^m \\ g(x) &= b_0 + b_1x + b_2x^2 + \cdots + b_nx^n \end{aligned}\ ,\quad (m \geq n)$$

의 합과 스칼라곱을 다음과 같이 정의하자.

$$\begin{aligned} f(x) + g(x) \quad &= \quad (a_0 + b_0) + (a_1 + b_1)x + (a_2 + b_2)x^2 \\ &\qquad + \cdots + (a_n + b_n)x^n + a_{n+1}x^{n+1} + \cdots + a_mx^m, \end{aligned}$$

$$\begin{aligned} \alpha f(x) &= \alpha(a_0 + a_1x + \cdots + a_mx^m) \\ &= (\alpha a_0) + (\alpha a_1)x + \cdots + (\alpha a_m)x^m. \end{aligned}$$

그러면 이 두 가지 연산에 대해 영다항식 $0 + 0x + \cdots + 0x^n$이 영벡터,

$$(-a_0) + (-a_1)x + \cdots + (-a_m)x^m$$

은 $f(x)$의 음벡터가 되어 주어진 벡터공간의 8가지 공리를 만족한다. 따라서 다항식 전체의 집합은 벡터공간이다. □

**예제 5.9** 실함수 전체의 집합 $F = \{f : \mathbf{R} \to \mathbf{R} \mid f\text{는 함수}\}$은 함수의 합과 상수배 연산에 대해 벡터공간이 됨을 보여라.

【풀이】 임의의 함수 $f, g \in F$와 실수 $\alpha$에 대해 함수의 합과 상수배 연산을 다음과 같이 정의하자.

$$(f + g)(x) = f(x) + g(x), \quad (\alpha f)(x) = \alpha f(x)$$

분명히 $f + g \in F$, $\alpha f \in F$이다. 또한, 상수함수 0은 덧셈에 대해 항등원이 되며, 함수 $-f$는 역원이 된다. 나머지 성질도 모두 만족함을 확인할 수 있다. 따라서 $F$는 벡터공간이 된다. □

**참고 5.10** 벡터공간의 공리 (3)을 만족하는 영벡터와 공리 (4)를 만족하는 음벡터는 유일하다. 왜냐하면 벡터공간의 공리 (3)을 만족하는 벡터 $\mathbf{0}'$이 또 있다고 하자. 그러면 모든 벡터 $\mathbf{u}$에 대하여, $\mathbf{0}' + \mathbf{u} = \mathbf{u} + \mathbf{0}' = \mathbf{u}$이다. 따라서

$$\begin{aligned} \mathbf{0} &= \mathbf{0} + \mathbf{0}' && (\mathbf{0}'\text{이 항등원}) \\ &= \mathbf{0}' && (\mathbf{0}\text{이 항등원}) \end{aligned}$$

이 성립한다. 따라서 두 벡터가 일치하고 이것은 영벡터가 오직 하나임을 의미한다. 음벡터의 경우도 마찬가지로 보일 수 있다.

**정 리** **5.11** 벡터공간 $V$ 의 벡터 $\mathbf{u}$와 스칼라 $\alpha$에 대하여 다음 성질이 성립한다.

(1) $\alpha\mathbf{0} = \mathbf{0}$

(2) $0\mathbf{u} = \mathbf{0}$

(3) $(-1)\mathbf{u} = -\mathbf{u}$

(4) $\alpha\mathbf{u} = \mathbf{0}$이면서 $\mathbf{u} \neq \mathbf{0}$이면 $\alpha = 0$이다.

【증명】

(1) 벡터공간의 공리를 사용하면

$$\begin{aligned}
\alpha\mathbf{0} &= \alpha\mathbf{0} + \mathbf{0} && \text{항등원의 성질} \\
&= \alpha\mathbf{0} + (\alpha\mathbf{0} + (-\alpha\mathbf{0})) && \text{역원의 성질} \\
&= (\alpha\mathbf{0} + \alpha\mathbf{0}) + (-\alpha\mathbf{0}) && \text{결합법칙} \\
&= \alpha(\mathbf{0} + \mathbf{0}) + (-\alpha\mathbf{0}) && \text{벡터의 분배법칙} \\
&= \alpha\mathbf{0} + (-\alpha\mathbf{0}) && \text{항등원의 성질} \\
&= \mathbf{0}.
\end{aligned}$$

따라서 $\alpha\mathbf{0} = \mathbf{0}$ 이다.

(2) 벡터공간의 공리에 의해

$$\begin{aligned}
0\mathbf{u} &= 0\mathbf{u} + \mathbf{0} && \text{항등원의 성질} \\
&= 0\mathbf{u} + (0\mathbf{u} + (-0\mathbf{u})) && \text{역원의 성질} \\
&= (0\mathbf{u} + 0\mathbf{u}) + (-0\mathbf{u}) && \text{결합법칙}
\end{aligned}$$

$$
\begin{aligned}
&= (0+0)\mathbf{u} + (-0\mathbf{u}) && \text{스칼라의 분배법칙} \\
&= 0\mathbf{u} + (-0\mathbf{u}) && \text{실수 0의 성질} \\
&= \mathbf{0}. && \text{역원의 성질}
\end{aligned}
$$

그러므로 $0\mathbf{u} = \mathbf{0}$ 이다.

(3) 위의 (2)에 의하면

$$\mathbf{u} + (-1)\mathbf{u} = 1\mathbf{u} + (-1)\mathbf{u} = (1-1)\mathbf{u} = 0\mathbf{u} = \mathbf{0}$$

이다. 그런데 $\mathbf{u}$의 역원은 $-\mathbf{u}$이므로 $(-1)\mathbf{u} = -\mathbf{u}$이다.

(4) $\alpha\mathbf{u} = \mathbf{0}$ 이라 하자. $\alpha \neq 0$ 이면 역수 $\alpha^{-1}$가 존재하여

$$\mathbf{u} = 1\mathbf{u} = (\alpha^{-1}\alpha)\mathbf{u} = \alpha^{-1}(\alpha\mathbf{u}) = \alpha^{-1}\mathbf{0} = \mathbf{0}$$

이다. 그러므로 $\mathbf{u} \neq \mathbf{0}$ 이면 $\alpha = 0$ 이다.

□

## 5.2 부분공간

선형시스템의 해를 구하면 벡터공간의 부분집합이지만 그 자체가 다시 벡터공간이 된다. 이와 같은 경우에 대해 알아보기로 하자.

---

**정 의 5.12** 벡터공간 $V$의 부분집합 $U$가, $V$의 합과 스칼라곱에 대해 다시 벡터공간이 될 때, $U$를 $V$의 부분공간(subspace)이라 한다.

---

부분공간이 되려면 벡터공간 정의의 8가지 조건을 만족해야 하지만 실제로는 다음 정리와 같이 두 가지 조건만 만족하면 부분공간이 된다.

**정 리 5.13** 벡터공간 $V$의 부분집합 $W$가 $V$의 부분공간이 되기 위한 필요충분조건은

(i) $\mathbf{u},\ \mathbf{v} \in W$에 대하여 $\mathbf{u}+\mathbf{v} \in W$

(ii) $\mathbf{u} \in W$와 스칼라 $\alpha$에 대하여 $\alpha\mathbf{u} \in W$

【증명】 $W$가 부분공간이라면 조건 (i)과 (ii)는 분명히 성립한다. 역이 성립함을 보이자. 주어진 조건 (i)과 (ii)만을 가지고 공리 (1) $\sim$ (8)이 성립함을 보여야 한다. $W$는 $V$의 부분집합이므로 $V$가 벡터공간이라는 뜻에서 공리 (1), (2), (5), (6), (7), (8)이 성립함은 자명하다. (ii)에서 특히 $\alpha = 0$이면, $\mathbf{u} \in W$에 대하여

$$\mathbf{0} = 0\mathbf{u} \in W$$

이다. 또한 $\alpha = -1$이면 $-\mathbf{u} = (-1)\mathbf{u} \in W$이다. 즉, 영벡터와 $\mathbf{u} \in W$의 음벡터 $-\mathbf{u}$가 $W$의 원소이다. 따라서 $W$는 벡터공간이다. □

**예제** **5.14** 유클리드공간의 부분집합 $W = \{(u_1, u_2, u_3) \mid u_1 + u_2 + u_3 = 0\}$가 $\mathbf{R}^3$의 부분공간이 됨을 보여라.

【풀이】 $\mathbf{u}, \mathbf{v} \in W$와 $\alpha \in \mathbf{R}$에 대하여 $\mathbf{u} = (u_1, u_2, u_3)$, $\mathbf{v} = (v_1, v_2, v_3)$라 하자. 그러면 $\mathbf{u}+\mathbf{v} = (u_1, u_2, u_3)+(v_1, v_2, v_3) = (u_1+v_1, u_2+v_2, u_3+v_3)$이고 $(u_1 + v_1) + (u_2 + v_2) + (u_3 + v_3) = (u_1 + u_2 + u_3) + (v_1 + v_2 + v_3) = 0 + 0 = 0$이다. 따라서 $\mathbf{u} + \mathbf{v} \in W$이다. 또한 $\alpha\mathbf{u} = (\alpha u_1, \alpha u_2, \alpha u_3)$이고 $\alpha u_1 + \alpha u_2 + \alpha u_3 = \alpha(u_1 + u_2 + u_3) = \alpha 0 = 0$이므로 $\alpha\mathbf{u} \in W$이다. 따라서 $W$는 $\mathbf{R}^3$의 부분공간이다. 참고로 부분공간 $W$는 원점을 지나는 평면 형태의 부분공간이다. □

**예** **5.15** $\mathbf{R}^2$ 공간에서 원점을 지나는 직선은 부분공간이다. 원점을 지나는 직선은 $y$축이거나 $L = \{(x, y) \mid y = ax\}$와 같은 형태로 쓸 수 있는데, 어떤 경우든 덧셈과 스칼라곱에 대해 정리 5.13의 조건을 만족한다.

**예** **5.16** $\mathbf{R}^2$ 공간에서 원점을 지나지 않는 직선은 부분공간이 아니다. 왜냐하면, 영벡터 $\mathbf{0}$를 포함하지 않기 때문이다.

**예** **5.17** $\mathbf{R}^3$ 공간에서 원점을 지나지 않는 평면은 부분공간이 아니다. 왜냐하면, 영벡터 $\mathbf{0}$를 포함하지 않기 때문이다.

**예** **5.18** $\mathbf{R}^3$ 공간의 부분공간은 $\{\mathbf{0}\}$, 원점을 지나는 직선 형태, 원점을 지나는 평면 형태, $\mathbf{R}^3$ 자신 등 4종류뿐이다.

**예** **5.19** $\mathbf{R}^2$은 $\mathbf{R}^3$의 부분공간이 아니다. 실제로 원소가 다르기 때문에 부분집합도 아니다. 하지만 $\mathbf{R}^2 = \{(x, y) \mid x, y \in \mathbf{R}\}$의 원소를 $\mathbf{R}^3$의 $xy$평면인 $(\mathbf{R}^2)^* = \{(x, y, 0) \mid x, y \in \mathbf{R}\}$에 일대일대응 시킬 수 있다. 또한

$(\mathbf{R}^2)^*$가 $\mathbf{R}^3$의 부분공간이 되기 때문에 자연스럽게 부분공간으로 간주할 수 있다.

**예 제** **5.20** 앞에서 실수 $\mathbf{R}$ 위의 $2 \times 2$행렬 전체의 집합 $M_{2\times 2}$는 벡터공간이 된다는 것을 알아보았다. 집합

$$W = \{(a_{ij}) \in M_{2\times 2} \mid a_{11} = 0\}$$

가 행렬의 합과 행렬의 스칼라곱에 의하여 $M_{2\times 2}$의 부분공간을 이룸을 보여라.

【풀이】 행렬 $A = (a_{ij})$, $B = (b_{ij})$가 $W$의 원소일 때 $A + B$, $\alpha A \in W$가 되는지 살펴보자. $A + B$의 11 성분은 $a_{11} + b_{11} = 0 + 0 = 0$이고 $\alpha A$의 11 성분은 $\alpha a_{11} = \alpha 0 = 0$이므로, $A + B$, $\alpha A$ 모두 $W$의 원소이다. 따라서 정리 5.13에 의해 $W$는 $M_{2\times 2}$의 부분공간이다. □

**예 제** **5.21** 차수가 $n$차 이하인 다항식 전체의 집합 $P_n$은 다항식 전체로 이루어진 다항식 공간의 부분공간이 됨을 보여라.

【풀이】 $n$차 이하의 다항식의 합의 차수도 $n$이하이고, $n$차 이하의 다항식의 스칼라곱 또한 $n$차 이하이다. 따라서 $P_n$은 다항식 공간의 부분공간이다. □

**예 제** **5.22** 동차연립방정식

$$(*)\begin{cases} a_{11}x_1 + a_{12}x_2 + \cdots + a_{1n}x_n = 0 \\ a_{21}x_1 + a_{22}x_2 + \cdots + a_{2n}x_n = 0 \\ \quad\vdots \qquad\qquad \vdots \qquad\qquad \vdots \\ a_{m1}x_1 + a_{m2}x_2 + \cdots + a_{mn}x_n = 0 \end{cases}$$

의 해집합이 $\mathbf{R}^n$의 부분공간인가 확인하여 보아라.

【풀이】 행렬 $A$, $X$, $O$을 아래와 같이 놓으면

$$A = \begin{pmatrix} a_{11} & a_{12} & \cdots & a_{1n} \\ a_{21} & a_{22} & \cdots & a_{2n} \\ \vdots & \vdots & & \vdots \\ a_{m1} & a_{m2} & \cdots & a_{mn} \end{pmatrix}, \quad X = \begin{pmatrix} b_1 \\ b_2 \\ \vdots \\ b_m \end{pmatrix}, \quad O = \begin{pmatrix} 0 \\ 0 \\ \vdots \\ 0 \end{pmatrix}$$

연립방정식 $(*)$는 $AX = O$로 표시된다. 따라서, 집합 $\{X \in \mathbf{R}^n \mid AX = O\}$는 주어진 연립방정식의 해집합이다. 또한 $X, Y \in \mathbf{R}^n$가 연립방정식 $(*)$의 해이면,

$$A(X+Y) = AX + AY = O + O = O,$$
$$A(\alpha X) = \alpha(AX) = \alpha O = O$$

이다. 따라서 $X + Y$와 $\alpha X$도 해집합의 원소이다. 그러므로 $\{X \in \mathbf{R}^n \mid AX = O\}$는 $\mathbf{R}^n$의 부분공간이다. 이와 같이 연립방정식의 해집합이 이루는 공간을 해공간(solution space)이라 한다. □

## 5.3 일차독립과 생성

---

**정 의 5.23** $V$를 벡터공간이라 하고, $\mathbf{v}_1, \mathbf{v}_2, \ldots, \mathbf{v}_n$를 $V$의 벡터라 하자. 이들 벡터 각각에 스칼라 $\alpha_1, \alpha_2, \ldots, \alpha_n$를 곱한 다음 이들 모두를 더한 새로운 벡터

$$\alpha_1\mathbf{v}_1 + \alpha_2\mathbf{v}_2 + \cdots + \alpha_n\mathbf{v}_n$$

을 $\mathbf{v}_1, \mathbf{v}_2, \ldots, \mathbf{v}_n$의 일차결합(linear combination)이라 한다.

---

**예 5.24** (1) $\mathbf{e}_1 = (1, 0) \in \mathbf{R}^2$도 다른 벡터들의 일차결합으로 표시될 수 있다. 예를 들어

$$\mathbf{e}_1 = 4\left(\frac{1}{2}, \frac{1}{4}\right) + (-2)\left(\frac{1}{2}, \frac{1}{2}\right)$$

이다.

(2) 하나의 벡터 $\mathbf{u} \in \mathbf{R}^n$의 일차결합은 $\alpha\mathbf{u}$의 형태뿐이다.

**예 제 5.25** 벡터 $(3, -1, 2) \in \mathbf{R}^3$가 $\mathbf{R}^3$의 각 축 방향의 단위벡터 $\mathbf{e}_1$, $\mathbf{e}_2$, $\mathbf{e}_3$의 일차결합임을 보여라.

【풀이】 $(3, -1, 2) = \alpha\mathbf{e}_1 + \beta\mathbf{e}_2 + \gamma\mathbf{e}_3$인 수 $\alpha$, $\beta$, $\gamma$가 있는지 알아보면 된다.

$$(3, -1, 2) = \alpha(1, 0, 0) + \beta(0, 1, 0) + \gamma(0, 0, 1) = (\alpha, \beta, \gamma)$$

방정식을 풀면, $\alpha = 3,\ \beta = -1,\ \gamma = 2$ 이다. 즉,

$$(3,\ -1,\ 2) = 3(1,\ 0,\ 0) + (-1)(0,\ 1,\ 0) + 2(0,\ 0,\ 1)$$

가 되어 $\mathbf{e}_1,\ \mathbf{e}_2,\ \mathbf{e}_3$ 의 일차결합이다. □

벡터공간 $V$ 의 벡터 $\mathbf{v}_1,\ \mathbf{v}_2,\ \ldots,\ \mathbf{v}_n$ 의 일차결합 전체의 집합

$$W = \{\alpha_1\mathbf{v}_1 + \alpha_2\mathbf{v}_2 + \cdots + \alpha_n\mathbf{v}_n \mid \alpha_i \in \mathbf{R},\ i = 1,\ 2,\ \ldots,\ n\}$$

는 $V$ 의 부분공간이 되는데, 이를 $\mathbf{v}_1,\ \mathbf{v}_2,\ \ldots,\ \mathbf{v}_n$ 에 의해 생성된 부분공간이라 하고

$$W = \langle \mathbf{v}_1,\ \mathbf{v}_2,\ \ldots,\ \mathbf{v}_n \rangle$$

으로 표시한다.

---

**정 의** **5.26** 벡터공간 $V$ 의 부분집합 $W = \{\mathbf{w}_1,\ \mathbf{w}_2,\ \ldots,\ \mathbf{w}_n\}$ 에 대하여

$$V = \langle \mathbf{w}_1,\ \mathbf{w}_2,\ \ldots,\ \mathbf{w}_n \rangle$$

일 때, $W$ 를 $V$ 의 생성원 집합(generating set)이라 하고, 이 때 벡터 $\mathbf{w}_1,\ \mathbf{w}_2,\ \ldots,\ \mathbf{w}_n$ 를 $V$ 의 생성원(generator)이라 한다.

---

**예 제** **5.27** $\{(1,\ 1,\ 1),\ (1,\ 1,\ 0),\ (1,\ 0,\ 0)\}$ 은 $\mathbf{R}^3$ 의 생성원 집합임을 보여라.

【풀이】 임의의 벡터 $(x,\ y,\ z) \in \mathbf{R}^3$ 에 대하여

$$(x,\ y,\ z) = \alpha(1,\ 1,\ 1) + \beta(1,\ 1,\ 0) + \gamma(1,\ 0,\ 0)$$

인 $\alpha$, $\beta$, $\gamma \in \mathbf{R}$가 존재함을 보이면 된다. 그런데

$$\begin{aligned}(x,\ y,\ z) &= \alpha(1,\ 1,\ 1) + \beta(1,\ 1,\ 0) + \gamma(1,\ 0,\ 0) \\ &= (\alpha,\ \alpha,\ \alpha) + (\beta,\ \beta,\ 0) + (\gamma,\ 0,\ 0) \\ &= (\alpha + \beta + \gamma,\ \alpha + \beta,\ \alpha)\end{aligned}$$

이므로

$$x = \alpha + \beta + \gamma, \qquad y = \alpha + \beta, \qquad z = \alpha$$

이다. 이들을 연립하여 풀면 $\alpha = z$, $\beta = y - z$, $\gamma = x - y$를 얻는다. 그러므로 $\mathbf{R}^3$의 임의의 벡터 $(x,\ y,\ z)$는

$$(x,\ y,\ z) = z(1,\ 1,\ 1) + (y - z)(1,\ 1,\ 0) + (x - y)(1,\ 0,\ 0)$$

와 같이 나타낼 수 있다. 따라서 $\{(1,\ 1,\ 1),\ (1,\ 1,\ 0),\ (1,\ 0,\ 0)\}$는 $\mathbf{R}^3$ 공간의 생성원 집합이다. □

**예 제** **5.28** $\mathbf{R}^n$에서의 단위벡터들의 집합 $\{\mathbf{e}_1,\ \mathbf{e}_2,\ \ldots,\ \mathbf{e}_n\}$이 $\mathbf{R}^n$의 생성원 집합임을 보여라.

【풀이】 임의의 벡터 $(x_1,\ x_2,\ \ldots,\ x_n) \in \mathbf{R}^n$에 대하여

$$(x_1,\ x_2,\ \ldots,\ x_n) = x_1\mathbf{e}_1 + x_2\mathbf{e}_2 + \cdots + x_n\mathbf{e}_n$$

으로 나타낼 수 있으므로 집합 $\{\mathbf{e}_1,\ \mathbf{e}_2,\ \ldots,\ \mathbf{e}_n\}$은 생성원 집합이다. □

---

**정 의** **5.29**

(1) $\mathbf{v}_1, \mathbf{v}_2, \cdots, \mathbf{v}_m \in \mathbf{R}^n$이 일차종속(linearly dependent)이

란 방정식

$$\alpha_1\mathbf{v}_1 + \alpha_2\mathbf{v}_2 + \cdots + \alpha_m\mathbf{v}_m = \mathbf{0}$$

을 만족하면서 적어도 하나는 $0$이 아닌 실수 $\alpha_1, \alpha_2, \cdots, \alpha_m$ 이 존재하는 경우를 말한다.

(2) $\mathbf{v}_1, \mathbf{v}_2, \cdots, \mathbf{v}_m \in \mathbf{R}^n$이 일차독립(linearly independent)이란 일차종속이 아닌 경우를 말한다. 즉,

$$\alpha_1\mathbf{v}_1 + \alpha_2\mathbf{v}_2 + \cdots + \alpha_m\mathbf{v}_m = \mathbf{0}$$

이면 항상 $\alpha_1 = \alpha_2 = \cdots = \alpha_m = 0$이 될 경우 일차독립이다.

---

일차종속일 경우, 예를 들어 $\alpha_1 \neq 0$이면서

$$\alpha_1\mathbf{v}_1 + \alpha_2\mathbf{v}_2 + \cdots + \alpha_n\mathbf{v}_n = \mathbf{0}$$

이면

$$\mathbf{v}_1 = \left(-\frac{\alpha_2}{\alpha_1}\right)\mathbf{v}_2 + \cdots + \left(-\frac{\alpha_n}{\alpha_1}\right)\mathbf{v}_n$$

으로 나타낼 수 있다. 즉, 한 개의 벡터가 나머지 벡터로 나타낼 수 있다는 뜻에서 일차종속이라 부른다.

**예 5.30** (1) $\mathbf{R}^2$의 세 벡터 $(1,0)$, $(1,1)$, $(0,1)$은 일차종속이다. 실제로

$$(1,0) + (-1)(1,1) + (0,1) = (0,0)$$

이다.

(2) 영벡터를 포함하고 있는 벡터들은 당연히 일차종속이다. 왜냐하면,

$\mathbf{v}_1, \mathbf{v}_2, \cdots, \mathbf{v}_m$에서 $\mathbf{v}_1 = \mathbf{0}$이라고 하자. 그러면

$$1 \cdot \mathbf{v}_1 + 0 \cdot \mathbf{v}_2 + \cdots + 0 \cdot \mathbf{v}_m = \mathbf{0}$$

이고, 이때 $\mathbf{v}_1$의 계수는 0이 아니다.

(3) 하나의 벡터 $\mathbf{u} \in \mathbf{R}^n$가 일차독립이 될 필요충분조건은 $\mathbf{u} \neq \mathbf{0}$이다.

**예 제** **5.31** $(1,1,0)$, $(1,0,1)$, $(1,1,1) \in \mathbf{R}^3$은 일차독립임을 보여라.

【풀이】 $\alpha_1(1,1,0) + \alpha_2(1,0,1) + \alpha_3(1,1,1) = (0,0,0)$이라고 하자. 그러면 연립방정식

$$\begin{cases} \alpha_1 + \alpha_2 + \alpha_3 = 0 \\ \alpha_1 + \alpha_3 = 0 \\ \alpha_2 + \alpha_3 = 0 \end{cases}$$

을 얻게 되고, 그 유일한 해는 $\alpha_1 = \alpha_2 = \alpha_3 = 0$임을 쉽게 알 수 있다. 따라서 일차독립이다. □

**예 제** **5.32** $\mathbf{R}^3$상에서의 집합 $\{(1,\ 1,\ 1),\ (1,\ 1,\ 0),\ (1,\ 0,\ 0)\}$이 일차독립인지 알아보아라.

【풀이】 $\alpha(1,\ 1,\ 1) + \beta(1,\ 1,\ 0) + \gamma(1,\ 0,\ 0) = \mathbf{0}$이라 하면

$$(\alpha + \beta + \gamma,\ \alpha + \beta,\ \alpha) = (0,\ 0,\ 0)$$

이므로 $\alpha = \beta = \gamma = 0$이다. 따라서 일차독립이다. □

**예 제** **5.33** $\mathbf{R}^n$에서의 표준단위벡터들의 집합 $\{\mathbf{e}_1,\ \mathbf{e}_2,\ \ldots,\ \mathbf{e}_n\}$이 일차독립인지 알아보아라.

【풀이】 $\alpha_1\mathbf{e}_1 + \alpha_2\mathbf{e}_2 + \cdots + \alpha_n\mathbf{e}_n = \mathbf{0}$라고 하자. 그러면

$$\alpha_1(1,\ 0,\ \ldots,\ 0) + \alpha_2(0,\ 1,\ 0,\ \ldots,\ 0) + \cdots + \alpha_n(0,\ \ldots,\ 0,\ 1) = (0,\ 0,\ \ldots,\ 0),$$

$$(\alpha_1,\ \alpha_2,\ \ldots,\ \alpha_n) = (0,\ 0,\ \ldots,\ 0)$$

이므로 $\alpha_1 = \alpha_2 = \cdots = \alpha_n = 0$이다. 따라서 일차독립이다. □

**예제 5.34** $\mathbf{R}^3$공간의 부분집합인 $\{(0,\ 1,\ 0),\ (0,\ 1,\ 1),\ (0,\ 0,\ 1)\}$이 일차독립인지 알아보아라.

【풀이】 $\alpha(0,\ 1,\ 0) + \beta(0,\ 1,\ 1) + \gamma(0,\ 0,\ 1) = (0,\ 0,\ 0)$이라 하면

$$(0,\ \alpha + \beta,\ \beta + \gamma) = (0,\ 0,\ 0)$$

이다. 따라서 $\alpha + \beta = 0$, $\beta + \gamma = 0$를 연립하여 풀면 $\alpha = -\beta = \gamma$를 얻는다. 이 때 $\alpha$, $\beta$, $\gamma$가 모두 0일 필요는 없다. 예를 들면, $\alpha = 1$, $\beta = -1$, $\gamma = 1$이 될 수 있다. 따라서, 이들은 일차종속이다. □

**예 5.35** $\mathbf{R}^2$공간의 두 위치벡터는 같은 직선상에 있으면 일차종속이고, 아니면 일차독립이다. 또한 $\mathbf{R}^3$공간의 세 위치벡터는 같은 평면상에 있으면 일차종속이고, 아니면 일차독립이다.

## 5.4 기저와 좌표

공간의 점을 표시하는 좌표계는 직교좌표계 외에도 여러 가지가 있을 수 있다. 어떤 대상의 특징을 잘 나타내기 위해서 새로운 좌표계의 도입이 필요할 때가 있는데, 좌표계는 기저에 의해 결정된다. 이 절에서는 기저의 개념을 알아보기로 하자.

$\mathbf{R}^n$ 에서의 단위벡터들의 집합인 $\{\mathbf{e}_1, \mathbf{e}_2, \ldots, \mathbf{e}_n\}$은 일차독립이고, 또한 $\mathbf{R}^n$을 생성함을 알고 있다. 벡터공간에서 이 두 가지 조건을 동시에 만족하는 벡터들을 기저라 한다.

---

**정 의 5.36** 벡터공간 $V$의 부분집합인 $W$가 두 가지 조건

(1) $W$는 일차독립이다　　(2) $W$는 $V$의 생성원 집합이다

을 만족하면 $W$를 $V$의 기저(basis)라고 한다.

---

특히, 기저들이 서로 직교할 때, 직교기저(orthogonal basis)라 한다. 또한 직교기저들의 크기가 모두 1이 되면 정규직교기저(orthonormal basis)라 한다.

**예 5.37** $\mathbf{R}^3$의 단위벡터들의 집합 $\{\mathbf{e}_1, \mathbf{e}_2, \mathbf{e}_3\}$는 $\mathbf{R}^3$의 기저이고, $\mathbf{R}^n$의 단위벡터들의 집합 $\{\mathbf{e}_1, \mathbf{e}_2, \ldots, \mathbf{e}_n\}$은 $\mathbf{R}^n$의 기저이다. 또한 이들은 서로 직교하고 크기가 모두 1이므로 정규직교기저이다.

**예 제 5.38** $\{(1, 1, 1), (1, 1, 0), (1, 0, 0)\}$은 $\mathbf{R}^3$공간의 기저임을 보여라.

【풀이】 주어진 집합은 예제 5.27에 의해 생성원 집합이고, 또 예제 5.32에 의해 일차독립이므로 $\mathbf{R}^3$공간의 기저이다. □

**예 제** **5.39** 아래 주어진 $M_{2\times2}$의 부분집합 $W = \{M_1, M_2, M_3, M_4\}$는 행렬공간 $M_{2\times2}$의 기저임을 보여라.

$$M_1 = \begin{pmatrix} 1 & 0 \\ 0 & 0 \end{pmatrix}, \quad M_2 = \begin{pmatrix} 0 & 1 \\ 0 & 0 \end{pmatrix}, \quad M_3 = \begin{pmatrix} 0 & 0 \\ 1 & 0 \end{pmatrix}, \quad M_4 = \begin{pmatrix} 0 & 0 \\ 0 & 1 \end{pmatrix}$$

【풀이】 먼저 집합 $W$가 일차독립임을 보이도록 하자. 이를 위하여 수 $x$, $y$, $z$, $w$에 대하여

$$xM_1 + yM_2 + zM_3 + wM_4 = \mathbf{0}$$

라고 가정하자. 그러면,

$$x\begin{pmatrix} 1 & 0 \\ 0 & 0 \end{pmatrix} + y\begin{pmatrix} 0 & 1 \\ 0 & 0 \end{pmatrix} + z\begin{pmatrix} 0 & 0 \\ 1 & 0 \end{pmatrix} + w\begin{pmatrix} 0 & 0 \\ 0 & 1 \end{pmatrix} = \begin{pmatrix} 0 & 0 \\ 0 & 0 \end{pmatrix}$$

로부터

$$\begin{pmatrix} x & y \\ z & w \end{pmatrix} = \begin{pmatrix} 0 & 0 \\ 0 & 0 \end{pmatrix}$$

을 얻는다. 따라서, $x = y = z = w = 0$이다. 이는 집합 $W$가 일차독립임을 의미한다. 다음은 집합 $W$가 $M_{2\times2}$의 생성원 집합임을 보이도록 하자. 이를 위하여 임의의 행렬

$$A = \begin{pmatrix} a & b \\ c & d \end{pmatrix} \in M_{2\times2}$$

에 대하여

$$A = \begin{pmatrix} a & b \\ c & d \end{pmatrix} = a\begin{pmatrix} 1 & 0 \\ 0 & 0 \end{pmatrix} + b\begin{pmatrix} 0 & 1 \\ 0 & 0 \end{pmatrix} + c\begin{pmatrix} 0 & 0 \\ 1 & 0 \end{pmatrix} + d\begin{pmatrix} 0 & 0 \\ 0 & 1 \end{pmatrix}$$

이 성립한다. 즉, $A = aM_1 + bM_2 + cM_3 + dM_4$이다. 따라서 집합 $W$는 생성원 집합이다. 위의 결과들로부터 집합 $W$는 행렬공간 $M_{2\times2}$의 기저이다. □

예제 5.37과 예제 5.38에서 살펴본 바와 같이 하나의 벡터공간에 대한 기저십합은 여러 형태가 존재할 수 있다. 그러나 그 벡터공간의 어떠한 기저집합에 대하여도 원소의 개수는 일정하다. 이 일정한 기저집합의 원소의 개수를 벡터공간의 차원(dimension)이라 한다. 벡터공간 $V$가 $n$차원일 경우

$$\dim V = n$$

으로 나타낸다. 특히, 영벡터 하나만으로 이루어진 자명한 공간 $\{\mathbf{0}\}$의 차원은 0으로 정의한다. 실수로 이루어진 벡터공간 $\mathbf{R}$은 1을 기저로 가지므로 이 공간의 차원은 1이다.

**예 5.40** $\mathbf{R}^2$ 공간의 차원은 2이고, $\mathbf{R}^3$ 공간의 차원은 3이다.

**예 5.41** $\mathbf{R}^3$ 공간은 3차원이므로 부분공간은 0차원인 $\{\mathbf{0}\}$, 1차원인 원점을 지나는 직선 형태, 2차원인 원점을 지나는 평면 형태, 3차원인 $\mathbf{R}^3$ 등의 4종류뿐이다.

**예제 5.42** $\mathbf{R}^n$ 공간의 차원은 $n$임을 보여라.

【풀이】 $\{\mathbf{e}_1, \mathbf{e}_2, \ldots, \mathbf{e}_n\}$는 $\mathbf{R}^n$은 기저이다. 따라서 $\dim V = n$이다. □

**예제 5.43** 행렬공간 $M_{m\times n}$의 기저와 차원을 구하여라.

【풀이】 행렬 $B_{ij}$를 $ij$성분이 1이고, 그 외에는 0인 $m \times n$ 행렬이라 놓자.

즉,

$$B_{ij} = \begin{pmatrix} 0 & 0 & \cdots & 0 & \cdots & 0 \\ \cdots & \cdots & \cdots & \cdots & \cdots & 0 \\ 0 & 0 & \cdots & 1 & \cdots & 0 \\ \cdots & \cdots & \cdots & \cdots & \cdots & 0 \\ 0 & 0 & \cdots & 0 & \cdots & 0 \end{pmatrix}.$$

그러면, $W = \{B_{ij} \mid 1 \le i \le m,\ 1 \le j \le n\}$은 일차독립이고 행렬공간 $M_{m\times n}$의 생성원 집합임을 쉽게 보일 수 있다. 따라서 $W$는 행렬공간 $M_{m\times n}$의 기저이고, 이 기저집합의 원소의 개수는 $mn$개이다. 따라서 $\dim(M_{m\times n}) = mn$이다. □

---

**정 의 5.44** 집합 $W = \{\mathbf{v}_1, \mathbf{v}_2, \ldots, \mathbf{v}_n\}$가 벡터공간 $V$의 기저이면, 벡터공간 $V$의 임의의 원소 $\mathbf{u}$는

$$\mathbf{u} = \alpha_1\mathbf{v}_1 + \alpha\mathbf{v}_2 + \cdots + \alpha_n\mathbf{v}_n$$

와 같이 벡터 $\mathbf{v}_1, \mathbf{v}_2, \ldots, \mathbf{v}_n$의 일차결합으로 유일하게 표시된다. 이 때, 이 유일한 계수들의 순서쌍

$$(\alpha_1, \alpha_2, \ldots, \alpha_n)$$

을 기저 $W$에 관한 벡터 $\mathbf{u}$의 좌표(coordinate)라고 한다.

---

**예 제 5.45** 유클리드 벡터공간 $\mathbf{R}^2$의 기저 $W = \{(1, 1), (1, -1)\}$에 대해서 벡터 $(5, 1)$의 좌표를 구하여라.

【풀이】 벡터 $(5,1)$는 기저 $W$에 있는 벡터들의 일차결합으로

$$(5,1) = 3(1,\ 0) + 2(0,\ 1)$$

과 같이 유일하게 표시된다. 따라서 기저 $W$에 관한 벡터 $(5,1)$의 좌표는 $(3,\ 2)$이다. □

**예 제 5.46** 유클리드 벡터공간 $\mathbf{R}^2$의 기저 $V = \{(1,\ 0),\ (0,\ 1)\}$과 $W = \{(1,\ 0),\ (1,\ 1)\}$에 대해서 벡터 $(3,\ 2)$의 좌표를 구하여라.

【풀이】 벡터 $(3,\ 2)$는 기저 $V$에 있는 벡터들의 일차결합으로

$$(3,\ 2) = 3(1,\ 0) + 2(0,\ 1)$$

과 같이 유일하게 표시된다. 따라서 기저 $V$에 관한 벡터 $(3,\ 2)$의 좌표는 $(3,\ 2)$이다. 한편, 벡터 $(3,\ 2)$는 기저 $W$에 있는 벡터들의 일차결합으로

$$(3,\ 2) = 1(1,0) + 2(1,1)$$

과 같이 표시된다. 따라서 기저 $W$에 관한 벡터 $(3,\ 2)$의 좌표는 $(1,2)$ 이다.
□

위 예제에서 보듯이 같은 벡터라 할지라도 벡터의 좌표는 기저의 선택에 따라 달라진다. 결국 좌표란 주어진 벡터를 기저벡터의 일차결합으로 나타낼 때 필요한 성분을 의미한다는 것을 아래 그림에서 알 수 있다.

**예 제 5.47** 유클리드 벡터공간 $\mathbf{R}^2$의 기저 $W_1 = \{(1,\ 0),\ (0,\ 1)\}$와 $W_2 = \{(-3,\ 7),\ (5,\ 5)\}$에 대해서 벡터 $(x,\ y)$의 좌표를 구하여라.

【풀이】 벡터 $(x,\ y)$는 기저 $W_1$에 있는 벡터들의 일차결합으로

$$(x,\ y) = (x,\ 0) + (0,\ y) = x(1,\ 0) + y(0,\ 1)$$

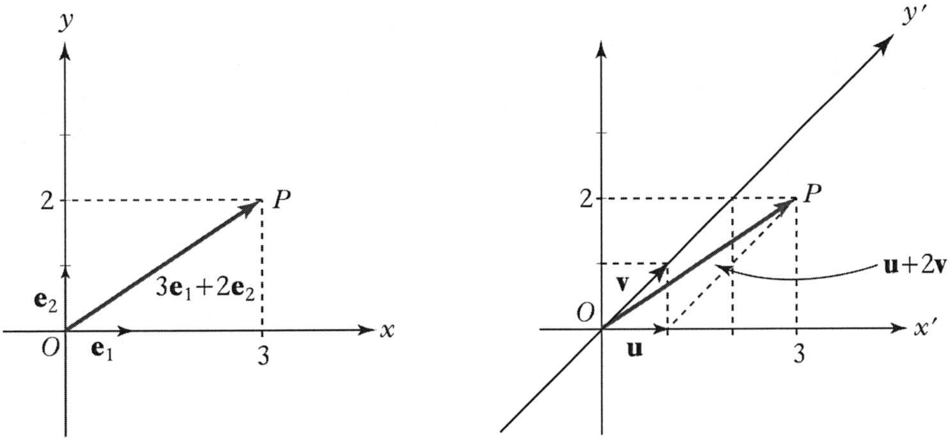


그림 5.1:

와 같이 유일하게 표시된다. 따라서 기저 $W_1$에 관한 벡터 $(x,\, y)$의 좌표는 $(x,\, y)$이다. 예를 들면, 기저 $W_1$에 관한 벡터 $(1,\, 1)$의 좌표는 $(1,\, 1)$이다. 한편, 벡터 $(x,\, y)$는 기저 $W_2$에 있는 벡터들의 일차결합으로

$$(x,\, y) = -\frac{1}{10}(x-y)(-3,\, 7) + \frac{1}{50}(7x+3y)(5,\, 5)$$

와 같이 유일하게 표시된다. 따라서 기저 $W_2$에 관한 벡터 $(x,\, y)$의 좌표는

$$\left(-\frac{1}{10}(x-y),\ \frac{1}{50}(7x+3y)\right)$$

이다. 예를 들면, 기저 $W_2$에 관한 벡터 $(1,\, 1)$의 좌표는 $(0,\, 1/5)$이다. □

기저의 벡터들이 직교할 경우 행렬의 곱셈을 이용하여 좌표를 구하는 방법이 있는데, 공학분야에서 많이 활용된다. 다음 예제에서 살펴보자.

**예제 5.48** 행렬을 이용하여 유클리드 벡터공간 $\mathbf{R}^2$의 기저 $W = \{(1,\, -1),\, (1,\, 1)\}$에 대해서 벡터 $(5, 1)$의 좌표를 구하여라.

【풀이】 두 벡터의 내적이 0이 되므로 벡터 $(1,\, -1)$과 $(1,\, 1)$은 직교한다. 이제 기저 벡터들의 크기가 1이 되도록 상수배를 한다. 이렇게 구한 단위벡

터들을 열벡터로 생각하여 행렬 $M$로 나타내면

$$M = \begin{pmatrix} \frac{1}{2} & \frac{1}{2} \\ -\frac{1}{2} & \frac{1}{2} \end{pmatrix}$$

가 된다. 그리고 나서 $M$의 전치행렬을 구하면

$$M^{\mathsf{T}} = \begin{pmatrix} \frac{1}{2} & -\frac{1}{2} \\ \frac{1}{2} & \frac{1}{2} \end{pmatrix}$$

이다. 이제 주어진 벡터 $(5, 1)$의 열벡터 $A$를 이 행렬 $M^{\mathsf{T}}$의 오른쪽에 행렬곱을 하면 위 기저에 의한 벡터의 좌표를 구할 수 있다.

$$M^{\mathsf{T}} A = \begin{pmatrix} \frac{1}{2} & -\frac{1}{2} \\ \frac{1}{2} & \frac{1}{2} \end{pmatrix} \begin{pmatrix} 5 \\ 1 \end{pmatrix} = \begin{pmatrix} 2 \\ 3 \end{pmatrix}$$

즉, 벡터 $(5, 1)$의 좌표는 $(2,\ 3)$이다. □

위 예제에서 구한 좌표가 맞는지 확인하기 위해, 벡터 $(5, 1)$ 을 기저 $W$에 속한 벡터들의 일차결합으로 표시하면

$$(5, 1) = 2(1,\ -1) + 3(1,\ 1)$$

과 같이 유일하게 표시된다. 따라서 기저 $W$에 관한 벡터 $(5, 1)$의 좌표는 분명히 $(2,\ 3)$이다.

## 5.5 연습문제 5

1. 벡터공간 $V$ 에서 다음 성질이 성립함을 보여라.

   (1) $(-\alpha)\mathbf{u} = \alpha(-\mathbf{u}) = -\alpha\mathbf{u}$

   (2) $-(-\mathbf{u}) = \mathbf{u}$

   (3) $\alpha(\mathbf{u} - \mathbf{v}) = \alpha\mathbf{u} - \alpha\mathbf{v}$

2. 다음과 같은 형태의 행렬 전체의 집합이 행렬공간 $M_{2\times 2}$ 의 부분공간인지 알아보아라.

   (1) $\begin{pmatrix} a & 0 \\ 0 & b \end{pmatrix}$　　(2) $\begin{pmatrix} a & 1 \\ 1 & b \end{pmatrix}$

3. 다음 집합 중에서 $\mathbf{R}^3$ 공간의 부분공간을 찾아보아라.

   (1) $\{(a,\ 0,\ 0) \mid a \in \mathbf{R}\}$

   (2) $\{(a,\ 1,\ 1) \mid a \in \mathbf{R}\}$

   (3) $\{(a,\ b,\ c) \mid a = b + c,\ a,\ b,\ c \in \mathbf{R}\}$

   (4) $\{(a,\ b,\ c) \mid b = a + c + 1,\ a,\ b,\ c \in \mathbf{R}\}$

4. 실수 $\mathbf{R}$ 위의 $n$차 정사각행렬 전체의 집합 $M_{n\times n}$ 는 벡터공간을 이룬다. 다음 부분집합은 행렬공간 $M_{n\times n}$ 의 부분공간인가?

   (1) $W = \{A \in M_{n\times n} \mid A = A^{\mathsf{T}}\}$

   (2) $W = \{A \in M_{n\times n} \mid |A| = 0\}$

   (3) $W = \{A \in M_{n\times n} \mid |A| = 1\}$

   (4) $W = \{A \in M_{n\times n} \mid A^2 = A\}$

5. 다음 연립방정식의 해집합을 구하고, 그 해집합이 $\mathbf{R}^3$ 의 부분공간이 됨을 보여라.

(1) $\begin{cases} x_1 + x_2 - x_3 = 0 \\ -2x_1 - x_2 + 2x_3 = 0 \\ -x_1 + x_3 = 0 \end{cases}$ (2) $\begin{cases} 2x_1 + x_2 + 3x_3 = 0 \\ x_1 + 5x_3 = 0 \\ x_2 + x_3 = 0 \end{cases}$

6. 벡터공간 $V$ 의 부분공간 $U$, $W$ 가 있을 때 다음 사실을 증명하여라.

(1) $U$ 와 $W$ 의 교집합은 부분공간이다.

(2) $U$ 와 $W$ 의 합집합은 부분공간이 아닐 수 있다.

(3) $U + W = \{\mathbf{u} + \mathbf{w} \mid \mathbf{u} \in U,\ \mathbf{w} \in W\}$ 는 부분공간이다.

7. 다음 집합들이 일차독립인지 조사하여라.

(1) $\{(1,\ -1,\ 1),\ (2,\ 0,\ 1),\ (0,\ 1,\ -1)\}$

(2) $\{(1,\ 0,\ 1),\ (0,\ 2,\ 0),\ (3,\ 0,\ 0)\}$

(3) $\{(1,\ 0,\ 0),\ (1,\ 1,\ 1),\ (0,\ 1,\ 1)\}$

(4) $\{(1,\ -2,\ 3),\ (5,\ 6,\ -1),\ (3,\ 2,\ 1)\}$

8. 집합 $\{\mathbf{v}_1,\ \mathbf{v}_2,\ \mathbf{v}_3\}$ 이 벡터공간 $V$ 의 기저일 때, 다음 집합도 기저임을 보여라.

$$\{\mathbf{v}_1,\ \mathbf{v}_1 + \mathbf{v}_2,\ \mathbf{v}_1 + \mathbf{v}_2 + \mathbf{v}_3\}$$

9. 벡터공간 $V$ 의 부분집합 $\{\mathbf{v}_1,\ \mathbf{v}_2,\ \ldots,\ \mathbf{v}_n\}$ 에 대하여, 이들 중 어느 하나가 영벡터일 때 이들은 일차종속인가, 일차독립인가?

10. 다음 집합들이 행렬공간 $M_{2\times 2}$ 의 기저임을 보여라.

(1) $\left\{ \begin{pmatrix} 1 & 0 \\ 0 & 0 \end{pmatrix}, \begin{pmatrix} 0 & 1 \\ 1 & 0 \end{pmatrix}, \begin{pmatrix} 0 & 0 \\ 1 & 0 \end{pmatrix}, \begin{pmatrix} 1 & 0 \\ 0 & 1 \end{pmatrix} \right\}$

(2) $\left\{ \begin{pmatrix} 3 & 6 \\ 3 & -6 \end{pmatrix}, \begin{pmatrix} 0 & -1 \\ -1 & 0 \end{pmatrix}, \begin{pmatrix} 0 & -8 \\ -12 & -4 \end{pmatrix}, \begin{pmatrix} 1 & 0 \\ -1 & 2 \end{pmatrix} \right\}$

11. 다음 연립방정식의 해집합이 이루는 벡터공간의 차원을 계산하여라.

(1) $\begin{cases} x_1 + x_2 - x_3 = 0 \\ -2x_1 - x_2 + 2x_3 = 0 \\ -x_1 + x_3 = 0 \end{cases}$ (2) $\begin{cases} 2x_1 + x_2 + 3x_3 = 0 \\ x_1 + 5x_3 = 0 \\ x_2 + x_3 = 0 \end{cases}$

12. 다음 집합이 $\mathbf{R}^3$의 기저임을 보이고, 이들에 관한 벡터 $(1, -1, 1)$의 좌표를 구하여라.

(1) $\{(1, 0, 0), (1, 1, 0), (1, 1, 1)\}$

(2) $\{(1, 1, 0), (0, 0, 1), (0, 1, 0)\}$

# Chapter 6

# 선형변환과 행렬

벡터공간에서의 함수를 사상(mapping) 또는 변환(transformation)이라고 부른다. 특히 정사영, 대칭변환, 회전변환, 행렬변환, 확대 및 축소변환 등은 중요한 선형변환이다. 선형변환은 수학적 이론뿐만이 아니라 컴퓨터 그래픽의 이미지 처리, 음향공학, 제어공학 등의 분야에서도 자주 활용되는 개념이다.

이 장에서는 먼저 선형변환에 대해 알아보고 이들 선형변환과 행렬 사이에 밀접한 관계가 있음을 알아본다.

## 6.1 선형변환

벡터공간에서의 함수를 사상(mapping) 또는 변환(transformation)이라고 부른다. 이 절에서는 정사영, 대칭변환, 회전변환, 행렬변환, 확대 및 축소 변환 등의 선형변환에 대해 알아보자.

---

**정 의 6.1** 사상 $T: V \to W$가 모든 $\mathbf{u},\ \mathbf{v} \in V$, $\alpha \in \mathbf{R}$에 대해 다음 조건을 만족할 때, $T$를 $V$에서 $W$로의 선형사상(linear mapping), 또는 선형변환(linear transformation)이라 한다.

(1) [덧셈의 보존성]

$$T(\mathbf{u} + \mathbf{v}) = T(\mathbf{u}) + T(\mathbf{v})$$

(2) [스칼라곱의 보존성]

$$T(\alpha\mathbf{u}) = \alpha T(\mathbf{u})$$

---

**예 제 6.2** $T(u_1,\ u_2,\ u_3) = (u_1,\ u_2,\ 0)$으로 정의된 사상 $T: \mathbf{R}^3 \to \mathbf{R}^3$가 선형변환임을 보여라. 이러한 사상을 $xy-$평면으로의 정사영(projection)이라 한다.

【풀이】 임의의 $\mathbf{u} = (u_1,\ u_2,\ u_3), \mathbf{v} = (v_1,\ v_2,\ v_3) \in \mathbf{R}^3$와 $\alpha \in \mathbf{R}$에 대해

$$T(\mathbf{u} + \mathbf{v}) = T(\mathbf{u}) + T(\mathbf{v}), \qquad T(\alpha\mathbf{u}) = \alpha T(\mathbf{u})$$

임을 보이면 된다. 그런데

$$T(\mathbf{u}+\mathbf{v}) = T((u_1,\, u_2,\, u_3) + (v_1,\, v_2,\, v_3)) = T(u_1+v_1,\, u_2+v_2,\, u_3+v_3)$$
$$= (u_1+v_1,\, u_2+v_2,\, 0) = (u_1,\, u_2,\, 0) + (v_1,\, v_2,\, 0) = T(\mathbf{u}) + T(\mathbf{v}),$$
$$T(\alpha\mathbf{u}) = T(\alpha(u_1,\, u_2,\, u_3)) = T(\alpha u_1,\, \alpha u_2,\, \alpha u_3) = (\alpha u_1,\, \alpha u_2,\, 0)$$
$$= \alpha(u_1,\, u_2,\, 0) = \alpha T(u_1,\, u_2,\, u_3) = \alpha T(\mathbf{u}).$$

따라서 $T$는 선형변환이다. □

**예 제** **6.3** 사상 $T:\mathbf{R}^2 \to \mathbf{R}^2$가 모든 점을 직선 $y=x$에 대칭인 위치로 대응시키면 $T$가 선형변환임을 보여라.

【풀이】 $\mathbf{R}^2$의 임의의 점 $(x,\, y)$를 직선 $y=x$에 대칭인 점 $(y,\, x)$로 변환시키므로 사상 $T$는

$$T(x,\, y) = (y,\, x)$$

이다. 그런데 임의의 $\mathbf{u}=(u_1,\, u_2)$, $\mathbf{v}=(v_1,\, v_2) \in \mathbf{R}^2$와 $\alpha \in \mathbf{R}$에 대하여

$$T(\mathbf{u}+\mathbf{v}) = T((u_1,\, u_2) + (v_1,\, v_2)) = T(u_1+v_1,\, u_2+v_2)$$
$$= (u_2+v_2,\, u_1+v_1) = (u_2,\, u_1) + (v_2,\, v_1)$$
$$= T(u_1,\, u_2) + T(v_1,\, v_2) = T(\mathbf{u}) + T(\mathbf{v}),$$
$$T(\alpha\mathbf{u}) = T(\alpha(u_1,\, u_2)) = T(\alpha u_1,\, \alpha u_2) = (\alpha u_2,\, \alpha u_1) = \alpha(u_2,\, u_1)$$
$$= \alpha T(u_1,\, u_2) = \alpha T(\mathbf{u})$$

이다. 따라서 $T$는 선형변환이다. □

**예** **6.4** 위 예제 6.3과 마찬가지로 $x$축 대칭변환(reflection)

$$T(x,\, y) = (x,\, -y),$$

$y$축 대칭변환

$$T(x,\, y) = (-x,\, y),$$

원점 대칭변환

$$T(x,\, y) = (-x,\, -y)$$

등도 모두 선형변환이 된다.

**예 제** **6.5** 임의의 실수 $k$에 대해

$$T : \mathbf{R}^3 \to \mathbf{R}^3,\ T(u_1,\, u_2,\, u_3) = k(u_1,\, u_2,\, u_3)$$

로 정의한 사상 $T$가 선형변환임을 보여라. 이러한 사상 $T$를 길이변환(scaling)이라 한다. 특히 $0 < k < 1$일 때 **축소변환**(compression)이라 하고, $k > 1$일 때 **확대변환**(expansion)이라 한다.

【풀이】 임의의 $\mathbf{u} = (u_1,\, u_2,\, u_3), \mathbf{v} = (v_1,\, v_2,\, v_3) \in \mathbf{R}^3$와 $\alpha \in \mathbf{R}$에 대하여

$$\begin{aligned} T(\mathbf{u}+\mathbf{v}) &= T(u_1+v_1,\, u_2+v_2,\, u_3+v_3) = k(u_1+v_1,\, u_2+v_2,\, u_3+v_3) \\ &= (k(u_1+v_1),\, k(u_2+v_2),\, k(u_3+v_3)) \\ &= (ku_1+kv_1,\, ku_2+kv_2,\, ku_3+kv_3) \\ &= k(u_1,\, u_2,\, u_3) + k(v_1,\, v_2,\, v_3) = k\mathbf{u} + k\mathbf{v} = T(\mathbf{u}) + T(\mathbf{v}), \end{aligned}$$

$$\begin{aligned} T(\alpha\mathbf{u}) &= T(\alpha u_1,\, \alpha u_2,\, \alpha u_3) = k(\alpha u_1,\, \alpha u_2,\, \alpha u_3) = k(\alpha(u_1,\, u_2,\, u_3)) \\ &= (k\alpha)(u_1,\, u_2,\, u_3) = \alpha(k(u_1,\, u_2,\, u_3)) = \alpha T(\mathbf{u}) \end{aligned}$$

이다. 따라서 $T$는 선형변환이다. □

**예 제** **6.6** 주어진 어떤 행렬 $A = \left(a_{ij}\right) \in M_{m\times n}$에 대해 $T(\mathbf{x}) = A\mathbf{x}$로 주어진 사상 $T : \mathbf{R}^n \to \mathbf{R}^m$가 선형변환임을 보여라. 이런 사상을 행렬변환(matrix transformation)이라 한다.

【풀이】 $T(\mathbf{x}) = A\mathbf{x}$를 자세히 쓰면 $\mathbf{x} = (x_1, x_2, \ldots, x_n)^\intercal \in \mathbf{R}^n$에 대하여

$$T(\mathbf{x}) = A\mathbf{x} = \begin{pmatrix} a_{11} & a_{12} & \cdots & a_{1n} \\ a_{22} & a_{22} & \cdots & a_{2n} \\ \vdots & \vdots & & \vdots \\ a_{m1} & a_{m2} & & a_{mn} \end{pmatrix} \begin{pmatrix} x_1 \\ x_2 \\ \vdots \\ x_n \end{pmatrix} = \begin{pmatrix} \sum_{i=1}^{n} a_{1i}x_i \\ \sum_{i=1}^{n} a_{2i}x_i \\ \vdots \\ \sum_{i=1}^{n} a_{mi}x_i \end{pmatrix}$$

이다. 그런데 $\mathbf{x}, \mathbf{y} \in \mathbf{R}^n$와 $\alpha \in \mathbf{R}$에 대하여 행렬의 합과 곱, 스칼라곱의 성질에 의해서

$$T(\mathbf{x}+\mathbf{y}) = A(\mathbf{x}+\mathbf{y}) = A\mathbf{x} + A\mathbf{y} = T(\mathbf{x}) + T(\mathbf{y}),$$

$$T(\alpha\mathbf{x}) = A(\alpha\mathbf{x}) = \alpha(A\mathbf{x}) = \alpha T(\mathbf{x})$$

이므로 선형변환이 된다.[1] □

**예 6.7** 고정된 각 $\theta$에 대하여 행렬

$$A = \begin{pmatrix} \cos\theta & -\sin\theta \\ \sin\theta & \cos\theta \end{pmatrix}$$

에 관한 선형변환을 생각하여 보자. $\mathbf{x} = (x_1, x_2)^\intercal$에 대하여

$$T(\mathbf{x}) = A\mathbf{x} = \begin{pmatrix} \cos\theta & -\sin\theta \\ \sin\theta & \cos\theta \end{pmatrix} \begin{pmatrix} x_1 \\ x_2 \end{pmatrix}$$

---

[1] 행렬변환에서는 변환을 적용하기 위해 행렬의 곱을 계산하여야 하므로, 정의역과 치역의 벡터를 모두 열벡터로 바꾸어서 행렬에 곱하게 된다. 예를 들어 $\mathbf{x} = (x_1, x_2) \in \mathbf{R}^2$을 $\mathbf{x} = \begin{pmatrix} x_1 \\ x_2 \end{pmatrix} \in \mathbf{R}^2$으로 변형하여 계산하는 것이다.

$$= \begin{pmatrix} x_1\cos\theta - x_2\sin\theta \\ x_1\sin\theta + x_2\cos\theta \end{pmatrix} = \begin{pmatrix} y_1 \\ y_2 \end{pmatrix} = \mathbf{y}$$

이다. 따라서 $\mathbf{y} = (y_1,\, y_2)^\intercal$는 $\mathbf{x} = (x_1,\, x_2)^\intercal$을 편각 $\theta$만큼 회전시킨 결과가 된다. 이러한 사상 $T$를 $\mathbf{R}^2$ 위의 회전변환(rotation)이라 한다(그림 6.1).

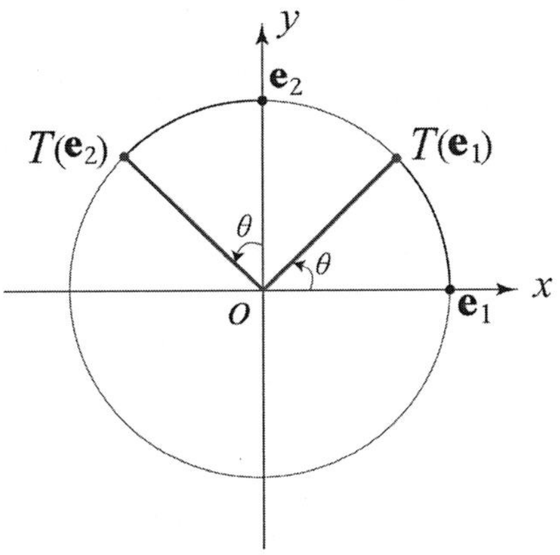


그림 6.1: 회전변환

**예 6.8** 행렬

$$A = \begin{pmatrix} k & 0 \\ 0 & 1 \end{pmatrix}$$

에 관한 선형변환을 생각하여 보자. 이 행렬변환은 $(1,0), (0,1)$의 표준기저를 $(k,0), (0,1)$로 변환시킨다. 예를 들어 벡터 $(1,0), (0,1)$로 만들어지는 사각형을 벡터 $(k,0), (0,1)$로 만들어지는 사각형으로 변환시킨다. 따라서, $0 < k < 1$일 때는 수평으로 축소, $k > 1$일 때는 수평으로 확대시키는 선형변환이 된다(그림 6.2).

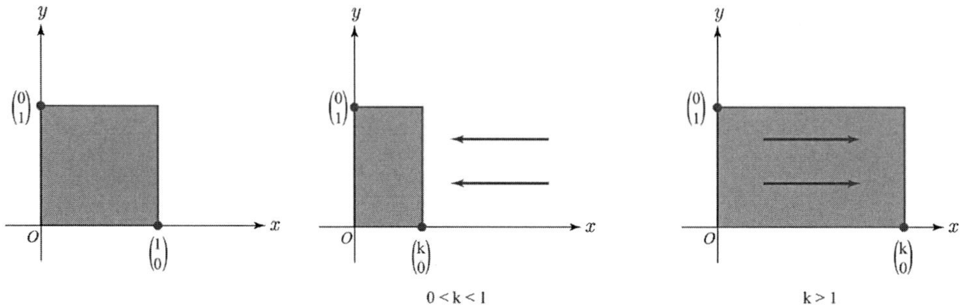


그림 6.2: 수평 방향 길이변환

**예 6.9** 행렬

$$A = \begin{pmatrix} 1 & k \\ 0 & 1 \end{pmatrix}$$

에 관한 선형변환을 생각하여 보자. 이 행렬변환은 $(1,0), (0,1)$의 표준기저를 $(1,0), (k,1)$로 변환시킨다. 예를 들어 벡터 $(1,0), (0,1)$로 만들어지는 사각형을 벡터 $(1,0), (k,1)$로 만들어지는 사각형으로 변환시킨다. 따라서, $k < 0$일 때는 수평 방향 좌측으로 층밀림, $k > 0$일 때는 수평 방향 우측으로 층밀림이 된다(그림 6.3).

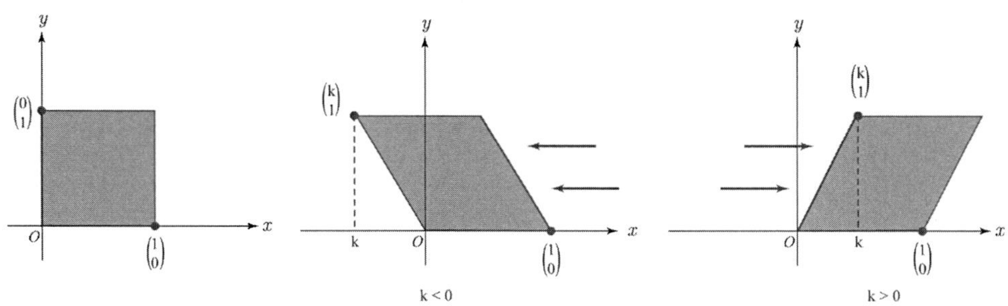


그림 6.3: 수평 방향 층밀림

**예 6.10** 직육면체 같은 3차원 입체를 컴퓨터 화면상에 나타내려면 적당한 $xyz$-좌표계에 대해 각 꼭짓점의 위치벡터(그리고 모서리)를 컴퓨터 화면이라는 2차원 평면에 사영한 이미지가 필요하다. 예를 들어 $z = 0$ 라고 놓으면 $xy$ 평면으로 사영된다. 이렇게 나타나는 화면상의 이미지를 변화시키려면 각 위치벡터에 대해 선형변환을 해준 후 사영을 하면 된다. 예를 들어

$$A = \begin{pmatrix} 3 & 0 & 0 \\ 0 & 2 & 0 \\ 0 & 0 & 1 \end{pmatrix}$$

이라는 행렬변환은 위치벡터 $\mathbf{x} = (x,\ y,\ z)^{\intercal}$를 $\mathbf{y} = A\mathbf{x} = (3x,\ 2y,\ z)^{\intercal}$로 대응시킨다. 그리고 행렬변환

$$B = \begin{pmatrix} 1 & 0 & 0 \\ 0 & \cos\theta & -\sin\theta \\ 0 & \sin\theta & \cos\theta \end{pmatrix}$$

은 주어진 꼭짓점들을 $x$축을 회전축으로 해서 $\theta$만큼 회전시키는 변환이다. 또한 행렬변환

$$C = \begin{pmatrix} \cos\theta & -\sin\theta & 0 \\ \sin\theta & \cos\theta & 0 \\ 0 & 0 & 1 \end{pmatrix}$$

은 주어진 꼭짓점들을 $z$축을 회전축으로 $\theta$만큼 회전시키는 변환이다.

## 6.2 선형변환의 성질

**정 리** **6.11** 선형변환 $T : V \to W$에 대해 다음 성질이 성립한다.

(1) $T(\mathbf{0}) = \mathbf{0}$

(2) $T(-\mathbf{u}) = -T(\mathbf{u})$

(3) $T(\mathbf{v} - \mathbf{w}) = T(\mathbf{v}) - T(\mathbf{w})$

【증명】

(1) 선형변환의 성질 $T(\alpha\mathbf{u}) = \alpha T(\mathbf{u})$으로부터, $\alpha = 0$이면

$$T(\mathbf{0}) = T(0\mathbf{u}) = 0T(\mathbf{u}) = \mathbf{0}$$

이다.

(2) (1)에서와 마찬가지로,

$$T(-\mathbf{u}) = T((-1)\mathbf{u}) = (-1)T(\mathbf{u}) = -T(\mathbf{u})$$

이다.

(3) 선형변환의 성질과 (2)에 의하면,

$$T(\mathbf{v} - \mathbf{w}) = T(\mathbf{v} + (-\mathbf{w})) = T(\mathbf{v}) + T(-\mathbf{w}) = T(\mathbf{v}) - T(\mathbf{w})$$

이다.

□

이제 벡터공간 $V$에서 $W$로 가는 선형변환을 찾는 방법을 생각해 보자.

**정 리** **6.12** $n$차원 벡터공간 $V$와 임의의 벡터공간 $W$에 대하여 $\{\mathbf{v}_1, \mathbf{v}_2, \ldots, \mathbf{v}_n\}$이 $V$의 기저이고, $\{\mathbf{w}_1, \mathbf{w}_2, \ldots, \mathbf{w}_n\}$이 $W$의 $n$개의 벡터라고 하자. 이 때

$$T(\mathbf{v}_i) = \mathbf{w}_i, \qquad i = 1, 2, \ldots, n$$

인 선형변환 $T : V \to W$는 오직 하나 존재한다.

【증명】 가정으로부터 $\{\mathbf{v}_1, \mathbf{v}_2, \ldots, \mathbf{v}_n\}$이 $V$의 기저이므로 임의의 벡터 $\mathbf{x} \in V$에 대하여

$$\mathbf{x} = x_1\mathbf{v}_1 + x_2\mathbf{v}_2 + \cdots + x_n\mathbf{v}_n$$

인 $x_1, x_2, \ldots, x_n$이 오직 한 조만 존재한다. 이 때 사상 $T : V \to W$를

$$T(\mathbf{x}) = x_1\mathbf{w}_1 + x_2\mathbf{w}_2 + \cdots + x_n\mathbf{w}_n$$

으로 정의하자. $T$가 선형임을 보이기 위하여 또 하나의 벡터 $\mathbf{y} \in V$를 생각하면

$$\mathbf{y} = y_1\mathbf{v}_1 + y_2\mathbf{v}_2 + \cdots + y_n\mathbf{v}_n$$

와 같이 표현된다. 이 때

$$\begin{aligned}
T(\mathbf{x}+\mathbf{y}) &= T((x_1+y_1)\mathbf{v}_1 + (x_2+y_2)\mathbf{v}_2 + \cdots + (x_n+y_n)\mathbf{v}_n) \\
&= (x_1+y_1)T(\mathbf{v}_1) + (x_2+y_2)T(\mathbf{v}_2) + \cdots + (x_n+y_n)T(\mathbf{v}_n) \\
&= (x_1+y_1)\mathbf{w}_1 + (x_2+y_2)\mathbf{w}_2 + \cdots + (x_n+y_n)\mathbf{w}_n \\
&= (x_1\mathbf{w}_1 + x_2\mathbf{w}_2 + \cdots + x_n\mathbf{w}_n)
\end{aligned}$$

$$
\begin{aligned}
&+ (y_1\mathbf{w}_1 + y_2\mathbf{w}_2 + \cdots + y_n\mathbf{w}_n)\\
&= T(\mathbf{x}) + T(\mathbf{y}),
\end{aligned}
$$

$$
\begin{aligned}
T(\alpha\mathbf{x}) &= T(\alpha(x_1\mathbf{v}_1 + x_2\mathbf{v}_2 + \cdots + x_n\mathbf{v}_n))\\
&= T((\alpha x_1)\mathbf{v}_1 + (\alpha x_2)\mathbf{v}_2 + \cdots + (\alpha x_n)\mathbf{v}_n)\\
&= (\alpha x_1)\mathbf{w}_1 + (\alpha x_2)\mathbf{w}_2 + \cdots + (\alpha x_n)\mathbf{w}_n\\
&= \alpha(x_1\mathbf{w}_1) + \alpha(x_2\mathbf{w}_2) + \cdots + \alpha(x_n\mathbf{w}_n)\\
&= \alpha(x_1\mathbf{w}_1 + x_2\mathbf{w}_2 + \cdots + x_n\mathbf{w}_n)\\
&= \alpha T(\mathbf{x})
\end{aligned}
$$

이 성립한다. 따라서 $T$는 선형변환이다. 또한 기저의 원소 $\mathbf{v}_i$, $1 \le i \le n$는

$$\mathbf{v}_i = 0\mathbf{v}_1 + 0\mathbf{v}_2 + \cdots + 0\mathbf{v}_{i-1} + 1\mathbf{v}_i + 0\mathbf{v}_{i+1} + \cdots + 0\mathbf{v}_n$$

이므로

$$T(\mathbf{v}_i) = 0\mathbf{w}_1 + 0\mathbf{w}_2 + \cdots + 0\mathbf{w}_{i-1} + 1\mathbf{w}_i + 0\mathbf{w}_{i+1} + \cdots + 0\mathbf{w}_n = \mathbf{w}_i$$

이다. 따라서 $T$는 주어진 조건을 만족하는 선형변환이다.

이제 유일성을 보이기 위하여 $L(\mathbf{v}_i) = \mathbf{w}_i$, $1 \le i \le n$인 또 다른 선형변환 $L : V \to W$를 생각하여 보자. 임의의 벡터 $\mathbf{x} = x_1\mathbf{v}_1 + x_2\mathbf{v}_2 + \cdots + x_n\mathbf{v}_n$에 대하여

$$
\begin{aligned}
L(\mathbf{x}) &= L(x_1\mathbf{v}_1 + x_2\mathbf{v}_2 + \cdots + x_n\mathbf{v}_n)\\
&= x_1L(\mathbf{v}_1) + x_2L(\mathbf{v}_2) + \cdots + x_nL(\mathbf{v}_n)\\
&= x_1\mathbf{w}_1 + x_2\mathbf{w}_2 + \cdots + x_n\mathbf{w}_n\\
&= T(\mathbf{x})
\end{aligned}
$$

이다. 이 식은 모두 $\mathbf{x} \in V$에 대해 성립하므로, $T$와 $L$이 같은 사상임을

의미한다. 즉, $T = L$임을 알 수 있다. □

**예 제** **6.13** $T(1,\ 1) = (2,\ -4)$, $T(2,\ 1) = (0,\ 2)$를 만족하는 선형변환 $T : \mathbf{R}^2 \to \mathbf{R}^2$을 구하여라.

【풀이】 임의의 벡터 $(x,\ y) \in \mathbf{R}^2$에 대하여 $(x,\ y) = \alpha(1,\ 1) + \beta(2,\ 1)$로 놓고 $\alpha$, $\beta$를 구하면 $\alpha = 2y - x$, $\beta = x - y$이므로

$$(x,\ y) = (2y - x)(1,\ 1) + (x - y)(2,\ 1)$$

이다. 따라서

$$\begin{aligned} T(x,\ y) &= (2y - x)(2,\ -4) + (x - y)(0,\ 2) \\ &= (4y - 2x,\ 6x - 10y) \end{aligned}$$

로 정의하면, 앞 정리에 의해 $T$는 주어진 조건을 만족하는 선형변환이다. □

## 6.3 선형변환의 행렬표현

예제 6.6에서 살펴본 바와 같이 임의의 행렬 $A \in M_{m\times n}$가 있을 때

$$T_A : \mathbf{R}^n \to \mathbf{R}^m, \quad T_A(\mathbf{x}) = A\mathbf{x}$$

와 같이 정의하면 이 사상은 선형변환이 된다. 즉, 모든 행렬은 선형변환을 만들어 낸다.

이제 역으로, 모든 선형변환 $T : \mathbf{R}^n \to \mathbf{R}^m$은 행렬을 사용하여 나타낼 수 있다는 것을 알아보자. $V$와 $W$를 각각 $n$, $m$차원의 벡터공간이라 하자. 선형변환 $T : V \to W$와 $V$의 기저 $\{\mathbf{v}_1, \mathbf{v}_2, \ldots, \mathbf{v}_n\}$, $W$의 기저 $\{\mathbf{w}_1, \mathbf{w}_2, \ldots, \mathbf{w}_m\}$에 대하여

$$\begin{aligned}
T(\mathbf{v}_1) &= a_{11}\mathbf{w}_1 + a_{12}\mathbf{w}_2 + \cdots + a_{1m}\mathbf{w}_m \\
T(\mathbf{v}_2) &= a_{21}\mathbf{w}_1 + a_{22}\mathbf{w}_2 + \cdots + a_{2m}\mathbf{w}_m \\
&\vdots \\
T(\mathbf{v}_n) &= a_{n1}\mathbf{w}_1 + a_{n2}\mathbf{w}_2 + \cdots + a_{nm}\mathbf{w}_m
\end{aligned}$$

의 계수 $a_{ij}$, $1 \le i \le n$, $1 \le j \le m$로 이루어진 $m \times n$행렬

$$M_T = \begin{pmatrix} a_{11} & a_{21} & \cdots & a_{n1} \\ a_{12} & a_{22} & & a_{n2} \\ \vdots & & & \vdots \\ a_{1m} & a_{2m} & \cdots & a_{nm} \end{pmatrix}$$

를 기저 $\{\mathbf{v}_1, \mathbf{v}_2, \ldots, \mathbf{v}_n\}$, $\{\mathbf{w}_1, \mathbf{w}_2, \ldots, \mathbf{w}_m\}$에 관한 $T$의 행렬이라고 하면, 특히 $\mathbf{R}^n$ 공간에서 표준기저에 관한 행렬을 $T$의 표준행렬(standard matrix)라 한다.

**참 고** **6.14** 위에서 살펴본 바와 같이 행렬과 선형변환을 같은 것으로 동일시 할 수 있다. 아래의 두 예제에서 이를 확인할 수 있다.

**예 제** **6.15** $T(x,\, y,\, z) = (x,\, y)$로 정의된 선형변환 $T : \mathbf{R}^3 \to \mathbf{R}^2$의 표준행렬 $A$를 구하여라. 또한 이 행렬 $A$에 관한 선형변환 $T_A$를 구하고 $T$와의 관계를 밝혀라.

【풀이】 $\mathbf{R}^3$의 표준기저 $\{(1,\, 0,\, 0),\, (0,\, 1,\, 0),\, (0,\, 0,\, 1)\}$와 $\mathbf{R}^2$의 표준기저 $\{(1,\, 0),\, (0,\, 1)\}$에 관한 $T$의 행렬을 구하여 보자. $\mathbf{R}^3$의 표준기저벡터들은 선형변환 $T$에 의해 보내지면 다음과 같이 $\mathbf{R}^2$상의 표준기저벡터들의 일차결합으로 표현된다:

$$T(1,\, 0,\, 0) = (1,\, 0) = (1)(1,\, 0) + (0)(0,\, 1),$$

$$T(0,\, 1,\, 0) = (0,\, 1) = (0)(1,\, 0) + (1)(0,\, 1),$$

$$T(0,\, 0,\, 1) = (0,\, 0) = (0)(1,\, 0) + (0)(0,\, 1).$$

따라서, 선형변환 $T$에 대응하는 표준기저에 관한 $T$의 행렬 $M_T = A$는

$$A = \begin{pmatrix} 1 & 0 & 0 \\ 0 & 1 & 0 \end{pmatrix}$$

이다.
다음으로, $T_A$를 구하여 보자. $\mathbf{x} = (x,\, y,\, z)^\intercal \in \mathbf{R}^3$에 대하여

$$T_A(\mathbf{x}) = A\mathbf{x} = \begin{pmatrix} 1 & 0 & 0 \\ 0 & 1 & 0 \end{pmatrix} \begin{pmatrix} x \\ y \\ z \end{pmatrix} = \begin{pmatrix} x \\ y \end{pmatrix}.$$

즉, $T_A(x,\, y,\, z) = (x,\, y)$이다. 따라서 $T_A = T$이다. □

위 예제에서 살펴본 바와 같이 선형변환에서 표준행렬을 구하고, 다시 표준행렬로부터 선형변환을 만들면 원래의 변환과 일치함을 알 수 있다.

**예 제** **6.16** 예제 6.2 ∼ 6.5에서 살펴본 선형변환들의 표준행렬을 구하여라.

【풀이】 표준 기저를 사용해서 예제 6.15와 같은 방법으로 구하면, 아래와 같다.

$$xy \text{ 평면 정사영 } A = \begin{pmatrix} 1 & 0 & 0 \\ 0 & 1 & 0 \\ 0 & 0 & 0 \end{pmatrix}, \qquad y = x \text{ 대칭변환 } A = \begin{pmatrix} 0 & 1 \\ 1 & 0 \end{pmatrix}$$

$$x\text{축 대칭변환 } A = \begin{pmatrix} 1 & 0 \\ 0 & -1 \end{pmatrix}, \qquad y\text{축 대칭변환 } A = \begin{pmatrix} -1 & 0 \\ 0 & 1 \end{pmatrix}$$

$$\text{원점 대칭변환 } A = \begin{pmatrix} -1 & 0 \\ 0 & -1 \end{pmatrix}, \qquad \text{길이변환 } A = \begin{pmatrix} k & 0 & 0 \\ 0 & k & 0 \\ 0 & 0 & k \end{pmatrix}$$

□

**예 제** **6.17** 다음 행렬 $A$에 의해 만들어지는 선형변환 $T : \mathbf{R}^2 \to \mathbf{R}^2$를 구하고, 다시 $T$의 표준행렬 $M_T$를 구하여라.

$$A = \begin{pmatrix} \cos\theta & -\sin\theta \\ \sin\theta & \cos\theta \end{pmatrix}$$

【풀이】 $\mathbf{x} = (x,\, y)^{\intercal} \in \mathbf{R}^2$에 대하여

$$T_A(\mathbf{x}) = A\mathbf{x} = \begin{pmatrix} \cos\theta & -\sin\theta \\ \sin\theta & \cos\theta \end{pmatrix} \begin{pmatrix} x \\ y \end{pmatrix} = \begin{pmatrix} x\cos\theta - y\sin\theta \\ x\sin\theta + y\cos\theta \end{pmatrix}$$

이므로 선형변환 $T$는

$$T(x,\, y) = (x\cos\theta - y\sin\theta,\; x\sin\theta + y\cos\theta)$$

이다. 또한 표준기저 $\{(1,\,0),\,(0,\,1)\}$에 관하여

$$T(1,\,0) = (\cos\theta,\;\sin\theta) = \cos\theta(1,\,0) + \sin\theta(0,\,1),$$
$$T(0,\,1) = (-\sin\theta,\;\cos\theta) = -\sin\theta(1,\,0) + \cos\theta(0,\,1)$$

이므로, 선형변환 $T$에 관한 표준행렬 $M_T$는

$$M_T = \begin{pmatrix} \cos\theta & -\sin\theta \\ \sin\theta & \cos\theta \end{pmatrix}$$

이다. □

위 예제에서 살펴본 바와 같이 행렬로부터 선형변환을 만들고, 다시 이 선형변환에서 표준행렬을 구하면 원래의 행렬과 일치함을 알 수 있다.

**예 제 6.18** 선형변환 $T:\,\mathbf{R}^3 \to \mathbf{R}^2$,

$$T(x,\, y,\, z) = (2x + y + 3z,\; 3x + 3y + 4z)$$

에 대해 다음 기저에 관한 행렬 $M_T$를 구하여라.

$$\{(1,\,0,\,0),\,(0,\,1,\,0),\,(0,\,0,\,1)\}, \qquad \{(3,\,2),\,(4,\,3)\}$$

【풀이】 먼저 $(x,\, y) \in \mathbf{R}^2$에 대하여 $(x,\, y) = \alpha(3,\,2) + \beta(4,\,3)$를 만족시키는 $\alpha$, $\beta$를 찾기 위해 방정식 $x = 3\alpha + 4\beta$, $y = 2\alpha + 3\beta$를 연립해 풀면, $\alpha = 3x + 4y$, $\beta = -2x + 3y$이다. 즉, $(x,\, y) \in \mathbf{R}^2$에 대하여

$$(x,\, y) = (3x - 4y)(3,\,2) + (-2x + 3y)(4,\,3)$$

와 같이 표현된다. 따라서, 이를 이용하면

$$\begin{aligned} T(1,0,0) &= (2,3) = -6(3,2)+5(4,3), \\ T(0,1,0) &= (1,3) = -9(3,2)+7(4,3), \\ T(0,0,1) &= (3,4) = -7(3,2)+6(4,3) \end{aligned}$$

이다. 그러므로 주어진 기저에 관한 $T$의 행렬 $M_T$는

$$M_T = \begin{pmatrix} -6 & -9 & -7 \\ 5 & 7 & 6 \end{pmatrix}$$

이다. □

행렬 $A$와 선형사상 $L_A$는 일대일 대응이 된다는 사실을 알았다. 이 대응 $A \mapsto L_A$은 다음에서 볼 수 있듯이 여러 가지 다른 성질들도 성립한다.

**정 리 6.19** (1) 항등행렬 $I_n$은 항등사상 $I : \mathbf{R}^n \to \mathbf{R}^n$, $\mathbf{u} \mapsto \mathbf{u}$에 대응된다.

(2) 행렬곱은 사상의 합성에 대응된다. 즉, 행렬 $A \in M_{m\times n}$, $B \in M_{n\times r}$에 대해

$$L_A \circ L_B = L_{AB}.$$

(3) 역행렬은 역사상에 대응된다. 즉, 행렬 $A \in M_{n\times n}$이 가역행렬인 것은 $L_A$가 역사상을 가지는 것과 동치이고 이때

$$(L_A)^{-1} = L_{A^{-1}}.$$

【증명】 생략. □

**예 제** **6.20** 예제 6.7에서 살펴본 각 $\theta$만큼 회전시키는 행렬변환

$$A = \begin{pmatrix} \cos\theta & -\sin\theta \\ \sin\theta & \cos\theta \end{pmatrix}$$

의 역변환을 구하여라.

【풀이】 위 정리에 의해 $A$의 역변환은 역행렬이므로

$$A^{-1} = \begin{pmatrix} \cos\theta & \sin\theta \\ -\sin\theta & \cos\theta \end{pmatrix}$$

이다. 실제로 이 변환을 실행하면

$$A^{-1}\mathbf{x} = \begin{pmatrix} \cos\theta & \sin\theta \\ -\sin\theta & \cos\theta \end{pmatrix} \begin{pmatrix} x \\ y \end{pmatrix} = \begin{pmatrix} x\cos\theta + y\sin\theta \\ -x\sin\theta + y\cos\theta \end{pmatrix}$$

가 되어 벡터 $\mathbf{x}$를 음의 방향(시계방향)으로 $\theta$ 만큼 회전시킨다. □

**예 제** **6.21** 수평 방향으로 두 배 확대시키는 행렬변환

$$A = \begin{pmatrix} 2 & 0 \\ 0 & 1 \end{pmatrix}$$

의 역변환을 구하여라.

【풀이】 위 정리에 의해 $A$의 역변환은 역행렬이므로

$$A^{-1} = \begin{pmatrix} \frac{1}{2} & 0 \\ 0 & 1 \end{pmatrix}$$

이다. 실제로 이 변환을 실행하면

$$A^{-1}\mathbf{x} = \begin{pmatrix} \frac{1}{2} & 0 \\ 0 & 1 \end{pmatrix} \begin{pmatrix} x \\ y \end{pmatrix} = \begin{pmatrix} \frac{x}{2} \\ y \end{pmatrix}$$

가 되어 벡터 $\mathbf{x}$를 수평 방향으로 $\frac{1}{2}$배 축소시킨다. □

## 6.4 연습문제 6

1. 사상 $T : \mathbf{R}^2 \to \mathbf{R}^2$가 다음과 같을 때 선형변환이 아닌 것은?

   (1) $T(x, y) = (x + 2y, -2x)$

   (2) $T(x, y) = (x, 1)$

   (3) $T(x, y) = (y, 0)$

   (4) $T(x, y) = (0, x + y)$

2. $\mathbf{R}^3$의 표준기저 $\{\mathbf{e}_1, \mathbf{e}_2, \mathbf{e}_3\}$에 대하여 $T(\mathbf{e}_1) = (3, 1, -1)$, $T(\mathbf{e}_2) = (-1, -1, 2)$, $T(\mathbf{e}_3) = (0, 1, -1)$인 선형변환 $T : \mathbf{R}^3 \to \mathbf{R}^3$을 구하라.

3. 벡터 $(1, 0)$, $(0, 1)$를 각각 $(1, 1, 0)$, $(0, 1, 1)$로 보내는 선형변환 $T : \mathbf{R}^2 \to \mathbf{R}^3$을 구하여라.

4. $T : V \to W, T(\mathbf{v}) = \mathbf{u} + \mathbf{v}$를 선형변환으로 만드는 벡터 $\mathbf{u}$를 찾아라.

5. 다음 행렬에 관한 선형변환을 구하여라.

   (1) $\begin{pmatrix} 2 & 1 \\ 0 & 1 \end{pmatrix}$　　(2) $\begin{pmatrix} 1 & 0 & 1 \\ 1 & -1 & -1 \end{pmatrix}$

   (3) $\begin{pmatrix} -1 & 0 & -1 & 4 \\ 0 & 1 & -1 & 0 \\ 2 & 1 & 0 & 1 \end{pmatrix}$　　(4) $\begin{pmatrix} 2 & 1 & 3 \\ 0 & 1 & 0 \\ 1 & -1 & 0 \\ 0 & 1 & 1 \end{pmatrix}$

6. 다음 변환들의 표준행렬을 구하여라.

   (1) $T : \mathbf{R}^2 \to \mathbf{R}^2,\ T(x, y) = (x + y, 2x)$

(2) $T : \mathbf{R}^3 \to \mathbf{R}^2,\ T(x,\ y,\ z) = (2x+3y-4z,\ -2x+5y+4z)$

(3) $T : \mathbf{R}^3 \to \mathbf{R}^3,\ T(x,\ y,\ z) = (x+y,\ 3y,\ 2z)$

(4) $T : \mathbf{R} \to \mathbf{R}^2,\ T(x) = (3x,\ 4x)$

7. 정의역과 공역의 기저를 각각

$\{(1,\ 0,\ 0),\ (0,\ 1,\ 0),\ (0,\ 0,\ 1)\}$과 $\{(1,\ 1,\ 0),\ (1,\ -1,\ 0),\ (1,\ 1,\ -2)\}$

로 사용하여 항등사상 $I : \mathbf{R}^3 \to \mathbf{R}^3$의 행렬을 구하여라.

8. $T : \mathbf{R}^2 \to \mathbf{R}^2$인 선형변환이 모든 점을 $x$축 대칭인 위치로 변화시킬 때 이 선형변환의 표준행렬을 구하여라.

9. 선형변환 $T : \mathbf{R}^2 \to \mathbf{R}^2$가 모든 점을 직선 $y = x$에 대해 대칭인 위치로 변화시킬 때 이 선형변환의 표준행렬을 구하여라.

10. $T(x,\ y,\ z) = (x+y,\ y+z,\ z+x)$로 정의된 선형변환 $T : \mathbf{R}^3 \to \mathbf{R}^3$에 대하여

(1) 표준행렬 $M_T$를 구하여라.

(2) $T(1,\ 0,\ 0),\ T(0,\ 1,\ 0),\ T(0,\ 0,\ 1)$는 $\mathbf{R}^3$의 기저인가?

11. $T(\mathbf{x}) = \alpha\mathbf{x}$로 정의한 선형변환 $T : \mathbf{R}^n \to \mathbf{R}^n$의 표준행렬 $M_T$를 구하여라.

12. 평면상의 점을 주어진 각만큼 회전시키는 변환에 관한 표준행렬을 구하여라.

(1) $\dfrac{\pi}{6}$ (2) $\pi$

13. 선형변환 $T : \mathbf{R}^4 \to \mathbf{R}^3, T(x,\ y,\ z,\ w) = (x,\ z,\ w)$와 선형변환 $S : \mathbf{R}^3 \to \mathbf{R}^2, S(x,\ y,\ z) = (z,\ x+y)$에 대하여

(1) $T$에 관한 행렬 $A = M_T$를 구하여라.

(2) $S$에 관한 행렬 $B = M_S$를 구하여라.

(3) $S \circ T$에 관한 행렬 $C$를 구하여라.

(4) 행렬의 곱 $BA$와 $C$를 비교하여라.

14. 다음 사상들이 선형변환임을 확인하고 표준행렬을 구하시오.

(1) $\mathbf{R}^3$의 점을 $xy$-평면으로 정사영시키는 사상

(2) $\mathbf{R}^3$의 점에 대해 $x$ 좌표와 $z$ 좌표를 서로 바꾸어주는 사상

(3) $\mathbf{R}^3$의 점에 대해 $x$ 좌표를 $y$ 좌표로, $y$ 좌표를 $z$ 좌표로, $z$ 좌표를 $x$ 좌표로 각각 바꾸어주는 사상

(4) $\mathbf{R}^3$의 점들을 $z$-축을 회전축으로 $\frac{\pi}{2}$ 만큼 회전시키는 사상

(5) $\mathbf{R}^3$의 점들을 $x$-축을 회전축으로 $\frac{\pi}{4}$ 만큼 회전시키는 사상

(6) $\mathbf{R}^3$의 점들을 $y$-축을 회전축으로 해서 $\theta$만큼 회전시키는 사상

15. 다음의 선형변환을 기하학적으로 설명하여라.

(1) $L(x,y)=(x,0)$

(2) $L(x,y)=(-x,y)$

(3) $L(x,y)=(-x,-y)$

(4) $L(x,y)=(-y,x)$

# Chapter 7

# 고유값과 고유벡터

최신 스마트폰에는 자신의 얼굴을 이용해서 잠금을 해제하는 기능이 있다. 숫자로 된 비밀번호를 사용할 때보다 잠금 해제가 더욱 어렵다고 알려져 있다. 이와 같은 얼굴 인식에서는 벡터를 사용해서 모든 사람의 얼굴을 나타내게 된다. 음성 인식이나 지문 인식에서도 마찬가지로 각각의 벡터를 사용해서 나타낸다. 동일 인물인지 다른 인물인지 판정하기 위해서 벡터들의 특징을 추출해서 활용하는데 이때 중요하게 활용되는 벡터가 고유벡터이다. 고유벡터를 기저로 사용해서 각각의 벡터들을 고유벡터들의 일차결합으로 표현하면 수많은 벡터들을 효율적으로 분류할 수 있게 된다.

미분방정식의 해를 구하거나, 기하학의 좌표 변환 등에서 선형변환을 하고 난 후에도 방향은 변하지 않고 크기만 변하는 벡터가 있다. 이런 벡터가 바로 고유벡터이다.

이 장에서는 이와 같은 고유벡터에 대해 알아보기로 하자.

## 7.1 고유값과 고유벡터

이 절에서는 고유값, 고유벡터의 의미와 성질에 대해 알아보기로 하자.

---

**정 의 7.1** 실행렬 $A \in M_{n\times n}$에 대하여

$$A\mathbf{x} = \lambda\mathbf{x}, \qquad \mathbf{x} \neq \mathbf{0}$$

을 만족시키는 벡터 $\mathbf{x} \in \mathbf{R}^n$가 존재할 때, 스칼라 $\lambda$를 행렬 $A$의 고유값(eigenvalue)이라 하고, 이 때, 고유값 $\lambda$에 대응하는 벡터 $\mathbf{x}$를 고유벡터(eigenvector)라 한다. 또한 고유값 $\lambda$에 대응하는 고유벡터 전체와 영벡터로 이루어진 집합

$$V_\lambda = \{\mathbf{x} \in \mathbf{R}^n \mid A\mathbf{x} = \lambda\mathbf{x}\}$$

는 $\mathbf{R}^n$ 공간의 부분공간을 이룬다. 이러한 $V_\lambda$를 고유값 $\lambda$에 대응하는 행렬 $A$의 고유공간(eigenspace)이라 한다.

---

행렬과 선형변환은 일대일대응이 되므로 다음과 같이 선형변환에 대해서도 위와 같은 정의를 할 수 있다.

---

**정 의 7.2** 유한 차원 벡터공간 $V$의 선형변환 $T : V \to V$에 대하여

$$T(\mathbf{x}) = \lambda\mathbf{x}$$

를 만족시키는 영이 아닌 벡터 $\mathbf{x} \in V$가 존재할 때, 스칼라 $\lambda$를 선형변환 $T$의 고유값(eigenvalue)이라 하고, 이 때, 벡터 $\mathbf{x}$를 $\lambda$에 대응하는 고유벡터(eigenvector)라 한다. 또한 고유값 $\lambda$에

대응하는 고유벡터 전체와 영벡터로 이루어진 집합

$$V_\lambda = \{\mathbf{x} \in V \mid T(\mathbf{x}) = \lambda\mathbf{x}\}$$

는 벡터공간 $V$의 부분공간을 이룬다. 이러한 $V_\lambda$를 $\lambda$에 대응하는 선형변환 $T$의 고유공간(eigenspace)이라 한다.

---

우선 수식을 사용하지 말고 직관적인 방법으로 고유벡터와 고유값을 찾아보면서 고유벡터의 개념을 이해하기로 하자.

**예 제** **7.3** $\mathbf{R}^2$ 공간의 벡터들을 $x$축에 대해 대칭인 위치로 보내는 선형변환의 고유값과 고유벡터를 구하여라.

【풀이】 $x$축 상의 벡터들은 $x$축에 대한 대칭변환 후에도 방향이 변하지 않는다. 또한 크기도 변하지 않는다. 따라서 $x$축 상의 영이 아닌 벡터들은 고유벡터이며 고유값은 1이다. 또한 $y$축 상의 벡터들은 변환 후 마이너스 방향으로 바뀐다. 마이너스 방향으로 바뀌는 것을 $-1$의 스칼라곱으로 볼 수 있다. 따라서 $y$축 상의 영이 아닌 벡터들은 고유값 $-1$에 대한 고유벡터이다. □

**예 제** **7.4** $\mathbf{R}^2$ 공간의 벡터들을 원점에 대해 대칭인 위치로 보내는 선형변환의 고유벡터와 고유값을 구하여라.

【풀이】 영이 아닌 모든 벡터들은 변환 후에 방향이 반대이고 크기가 변하지 않는다. 따라서 영이 아닌 모든 벡터가 고유벡터이며 고유값은 $-1$이다. □

**예 제** **7.5** $\mathbf{R}^2$ 공간의 벡터들을 원점을 회전축으로 해서 양의 방향으로 $90°$ 회전시키는 선형변환의 고유벡터와 고유값을 구하여라.

【풀이】 영이 아닌 모든 벡터들은 회전변환을 한 후에 방향이 $90°$ 변한다. 따라서 영이 아닌 모든 벡터들은 고유벡터가 될 수 없다. 따라서 이 변환에 대해서는 고유벡터가 존재하지 않는다. □

**예 제** **7.6** $\mathbf{R}^2$의 벡터들을 직선 $y = x$에 대해 대칭인 위치로 보내는 선형변환에 대해 고유값, 고유벡터를 구하여라.

【풀이】 직선 $y = x$ 상에 있는 모든 벡터들은 변환을 한 후에도 방향과 크기가 변하지 않는다. 따라서 직선 $y = x$ 상에 있는 영이 아닌 모든 벡터들은 고유벡터이며 고유값이 1이다. 또한 직선 $y = -x$ 상에 있는 영이 아닌 모든 벡터들은 변환 후에 크기는 변하지 않고 방향이 반대로 바뀌므로 이 벡터들은 고유벡터이며 고유값이 $-1$이다. □

**예 제** **7.7** $\mathbf{R}^3$ 공간의 벡터들을 $xy$ 평면에 정사영 시키는 선형변환의 고유벡터와 고유값을 구하여라.

【풀이】 $xy$ 평면상의 벡터들은 정사영을 한 후에도 변하지 않는다. 따라서 $xy$ 평면상의 영이 아닌 모든 벡터들이 고유벡터가 되고, 이 때 고유값은 1이다. □

**예 제** **7.8** $\mathbf{R}^3$ 공간의 벡터들을 $z$축을 회전축으로 해서 양의 방향으로 $90^\circ$ 회전시키는 선형변환의 고유벡터와 고유값을 구하여라.

【풀이】 $z$축 상의 벡터들은 회전변환을 한 후에도 방향이 변하지 않는다. 또한 크기도 변하지 않는다. 따라서 $z$축 상의 영이 아닌 벡터들은 고유벡터이며 고유값은 1이다. □

**참 고** **7.9** 직관적으로 말하면, 고유벡터란 주어진 선형변환을 할 때 회전성분은 없고 사영, 대칭, 축소, 확대되는 성분만 가지는 벡터라 생각할 수 있다.

정의를 살펴보면 고유값의 문제는 결국 다음 관계가 있는 수 $\lambda$와 벡터

$\mathbf{x}$를 구하는 문제로 귀착된다.

$$\begin{pmatrix} a_{11} & a_{12} & \cdots & a_{1n} \\ a_{21} & a_{22} & \cdots & a_{2n} \\ \vdots & \vdots & & \vdots \\ a_{n1} & a_{n2} & \cdots & a_{nn} \end{pmatrix} \begin{pmatrix} x_1 \\ x_2 \\ \vdots \\ x_n \end{pmatrix} = \lambda \begin{pmatrix} x_1 \\ x_2 \\ \vdots \\ x_n \end{pmatrix}$$

$$A\mathbf{x} = \lambda\mathbf{x}$$

$$A\mathbf{x} = \lambda I\mathbf{x}$$

$$(A - \lambda I)\mathbf{x} = O.$$

정리 3.3에서 이미 언급했듯이, 이러한 동차연립방정식 $(A - \lambda I)\mathbf{x} = O$이 영이 아닌 해를 갖기 위한 필요충분조건은 $|A - \lambda I| = 0$이다. 즉,

$$|A - \lambda I| = \begin{vmatrix} (a_{11} - \lambda) & a_{12} & \cdots & a_{1n} \\ a_{21} & (a_{22} - \lambda) & \cdots & a_{2n} \\ \vdots & & & \vdots \\ a_{n1} & \cdots \quad a_{n2} & \cdots & (a_{nn} - \lambda) \end{vmatrix} = 0\,.$$

이 때

$$P_A(\lambda) = |A - \lambda I|$$

를 고유다항식(characteristic polynomial)이라 하며

$$|A - \lambda I| = 0$$

를 고유방정식(characteristic equation)이라 한다. 결국 고유값을 구하려면 고유방정식을 풀고 그 해를 구하면 된다.

**예 제** **7.10** 행렬 $A = \begin{pmatrix} 1 & 2 \\ 3 & 2 \end{pmatrix}$의 고유값과 고유벡터, 고유공간, 고유

공간의 차원을 구하여라.

【풀이】 행렬 $A$의 고유방정식을 구하면

$$|A-\lambda I| = \begin{vmatrix} 1-\lambda & 2 \\ 3 & 2-\lambda \end{vmatrix} = \lambda^2 - 3\lambda - 4 = (\lambda+1)(\lambda-4) = 0$$

이므로, 행렬 $A$의 고유값은 $\lambda = 4,\ -1$이다.

(1) 고유값 $\lambda = 4$에 대응하는 고유벡터는 $\mathbf{x} = (x,\ y)^{\intercal}$에 대하여

$$A\mathbf{x} = \begin{pmatrix} 1 & 2 \\ 3 & 2 \end{pmatrix} \begin{pmatrix} x \\ y \end{pmatrix} = 4 \begin{pmatrix} x \\ y \end{pmatrix} = 4\mathbf{x}$$

으로부터

$$\begin{pmatrix} x+2y \\ 3x+2y \end{pmatrix} = \begin{pmatrix} 4x \\ 4y \end{pmatrix}$$

이므로 방정식 $x+2y = 4x$, $3x+2y = 4y$를 연립하여 풀면 얻어진다. 따라서 고유값 $\lambda = 4$에 대응하는 고유벡터는 0이 아닌 $\alpha$에 대하여 $\mathbf{x} = \alpha(2,\ 3)^{\intercal}$이고, 또한 $V_4 = \langle (2,\ 3)^{\intercal} \rangle$, $\dim V_4 = 1$이다.

(2) $\lambda = -1$에 대응하는 고유벡터는 $\mathbf{x} = (x,\ y)^{\intercal}$에 대하여

$$A\mathbf{x} = \begin{pmatrix} 1 & 2 \\ 3 & 2 \end{pmatrix} \begin{pmatrix} x \\ y \end{pmatrix} = (-1) \begin{pmatrix} x \\ y \end{pmatrix} = (-1)\mathbf{x}$$

으로부터

$$\begin{pmatrix} x+2y \\ 3x+2y \end{pmatrix} = \begin{pmatrix} -x \\ -y \end{pmatrix}$$

이므로 방정식 $x+2y = -x$, $3x+2y = -y$를 연립하여 풀면, 고유값 $\lambda = -1$에 대응하는 고유벡터는 0이 아닌 $\beta$에 대하여 $\mathbf{x} = \beta(1,\ -1)^{\intercal}$이다. 또한 $V_{-1} = \langle (1,\ -1)^{\intercal} \rangle$, $\dim V_{-1} = 1$이다. □

**참 고** **7.11** 위 예제에서 행렬변환

$$A = \begin{pmatrix} 1 & 2 \\ 3 & 2 \end{pmatrix}$$

에 대해 정의역의 고유벡터 (2, 3), (1, −1)을 보내주면

$$A\begin{pmatrix} 2 \\ 3 \end{pmatrix} = \begin{pmatrix} 1 & 2 \\ 3 & 2 \end{pmatrix}\begin{pmatrix} 2 \\ 3 \end{pmatrix} = \begin{pmatrix} 8 \\ 12 \end{pmatrix} = 4\begin{pmatrix} 2 \\ 3 \end{pmatrix},$$

$$A\begin{pmatrix} 1 \\ -1 \end{pmatrix} = \begin{pmatrix} 1 & 2 \\ 3 & 2 \end{pmatrix}\begin{pmatrix} 1 \\ -1 \end{pmatrix} = \begin{pmatrix} -1 \\ 1 \end{pmatrix} = (-1)\begin{pmatrix} 1 \\ -1 \end{pmatrix}$$

로서 방향은 변하지 않고, 오로지 크기만 변하게 된다.

**예 제** **7.12** 예제 7.3의 선형변환에 대해 표준행렬을 구한 뒤 고유값과 고유벡터를 구하여라. 또, 이 결과를 예제 7.3에서 얻은 결과와 비교하여라.

【풀이】 이 선형변환은 $T(x, y) = (x, -y)$이며, 표준행렬을 구하면

$$A = \begin{pmatrix} 1 & 0 \\ 0 & -1 \end{pmatrix}$$

이므로 이 행렬의 고유방정식은

$$\begin{vmatrix} 1-\lambda & 0 \\ 0 & -1-\lambda \end{vmatrix} = 0.$$

해를 구하면 $\lambda = \pm 1$이다.

먼저 $\lambda = 1$일 경우 고유벡터를 구하면 $A\mathbf{x} = \mathbf{x}$에서 부터 $(x, -y) = (x, y)$이므로 $y = 0$이다. 즉 $x$축 상의 영이 아닌 모든 벡터 $(x, 0)$가 고유벡

터이다.

또한 $\lambda = -1$일 경우 고유벡터를 구하면 $A\mathbf{x} = (-1)\mathbf{x}$에서 부터 $(x, -y) = (-x, -y)$이므로 $x = 0$이다. 즉 $y$축 상의 영이 아닌 모든 벡터 $(0, y)$가 고유벡터이다.

이 결과는 예제 7.3에서 직관적으로 얻어낸 결과와 일치한다. □

**예 제** **7.13** 다음 행렬의 고유값과 고유벡터를 구하여라.

$$A = \begin{pmatrix} 1 & 2 & 2 \\ 0 & 2 & 1 \\ -1 & 2 & 2 \end{pmatrix}$$

【풀이】 제1열에 대해 전개식을 이용하면

$$\begin{aligned} \det(A - \lambda I_3) &= \begin{vmatrix} 1-\lambda & 2 & 2 \\ 0 & 2-\lambda & 1 \\ -1 & 2 & 2-\lambda \end{vmatrix} \\ &= (1-\lambda)\left[(2-\lambda)^2 - 2\right] + (-1)\left[2 - 2(2-\lambda)\right] \\ &= (1-\lambda)(2-\lambda)^2 \end{aligned}$$

이다. 따라서 고유값은 $\lambda = 1, 2$를 얻는다.

$\lambda = 2$일 때의 고유벡터를 $\begin{pmatrix} x \\ y \\ z \end{pmatrix}$라고 하면

$$\begin{pmatrix} 1 & 2 & 2 \\ 0 & 2 & 1 \\ -1 & 2 & 2 \end{pmatrix} \begin{pmatrix} x \\ y \\ z \end{pmatrix} = 2 \begin{pmatrix} x \\ y \\ z \end{pmatrix}$$

를 만족해야 하므로 연립방정식

$$\begin{cases} x + 2y + 2z = 2x \\ 2y + z = 2y \\ -x + 2y + 2z = 2z \end{cases}$$

얻게 된다. 따라서 0이 아닌 임의의 $a$에 대해 $\begin{pmatrix} 2a \\ a \\ 0 \end{pmatrix} = a \begin{pmatrix} 2 \\ 1 \\ 0 \end{pmatrix} = a(2,1,0)^{\intercal}$ 는 고유값 $\lambda = 2$에 대한 고유벡터이다.

$\lambda = 1$일 때의 고유벡터를 $\begin{pmatrix} x \\ y \\ z \end{pmatrix}$라고 하면

$$\begin{pmatrix} 1 & 2 & 2 \\ 0 & 2 & 1 \\ -1 & 2 & 2 \end{pmatrix} \begin{pmatrix} x \\ y \\ z \end{pmatrix} = \begin{pmatrix} x \\ y \\ z \end{pmatrix}$$

을 만족해야 하므로 연립방정식

$$\begin{cases} x + 2y + 2z = x \\ 2y + z = y \\ -x + 2y + 2z = z \end{cases}$$

을 얻게 된다. 따라서 0이 아닌 임의의 $a$에 대해 $\begin{pmatrix} a \\ a \\ -a \end{pmatrix} = a(1,1,-1)^{\intercal}$은 고유값 $\lambda = 1$에 대한 고유벡터이다. □

**예 제** **7.14** $A$가 다음과 같이 주어졌을 때 행렬 $AA^{\intercal}$의 고유값과 고유

벡터를 구하여라.

$$A = \begin{pmatrix} 1 & 1 & 0 \\ 0 & 1 & 0 \end{pmatrix}$$

【풀이】

$$AA^{\mathsf{T}} = \begin{pmatrix} 1 & 1 & 0 \\ 0 & 1 & 0 \end{pmatrix} \begin{pmatrix} 1 & 0 \\ 1 & 1 \\ 0 & 0 \end{pmatrix} = \begin{pmatrix} 2 & 1 \\ 1 & 1 \end{pmatrix}$$

이 된다. 따라서 고유값을 구하면

$$\lambda_1 = \frac{3+\sqrt{5}}{2}, \quad \lambda_2 = \frac{3-\sqrt{5}}{2}$$

이고, 각각에 대해 고유벡터를 구하면 임의의 실수 $a$ 에 대해

$$\mathbf{x}_1 = a\left(\frac{1+\sqrt{5}}{2}, 1\right)^{\mathsf{T}}, \quad \mathbf{x}_2 = a\left(\frac{1-\sqrt{5}}{2}, 1\right)^{\mathsf{T}}$$

이다. □

**예 제 7.15** 위 예제의 $A$에 대해 행렬 $A^{\mathsf{T}}A$의 고유값과 고유벡터를 구하여라.

【풀이】

$$A^{\mathsf{T}}A = \begin{pmatrix} 1 & 0 \\ 1 & 1 \\ 0 & 0 \end{pmatrix} \begin{pmatrix} 1 & 1 & 0 \\ 0 & 1 & 0 \end{pmatrix} = \begin{pmatrix} 1 & 1 & 0 \\ 1 & 2 & 0 \\ 0 & 0 & 0 \end{pmatrix}$$

이 된다. 고유방정식을 구하면

$$-\lambda\left(\lambda - \frac{3+\sqrt{5}}{2}\right)\left(\lambda + \frac{-3+\sqrt{5}}{2}\right) = 0$$

이다. 따라서 고유값을 구하면

$$\lambda_1 = \frac{3+\sqrt{5}}{2}, \quad \lambda_2 = \frac{3-\sqrt{5}}{2}, \quad \lambda_3 = 0$$

이고, 각각에 대해 고유벡터를 구하면

$$\mathbf{x}_1 = \left(\frac{-1+\sqrt{5}}{2}, 1, 0\right)^\intercal, \quad \mathbf{x}_2 = \left(\frac{-1-\sqrt{5}}{2}, 1, 0\right)^\intercal, \quad \mathbf{x}_3 = (0,0,1)^\intercal$$

이다. □

**참 고** **7.16** 예제 7.14와 예제 7.15에서, 행렬 $A$에 대해 $AA^\intercal$과 $A^\intercal A$ 행렬을 구하면 크기는 $2\times 2$와 $3\times 3$으로 다르지만, 작은 행렬 $AA^\intercal$의 고유값

$$\lambda_1 = \frac{3+\sqrt{5}}{2}, \quad \lambda_2 = \frac{3-\sqrt{5}}{2}$$

는 큰 행렬 $A^\intercal A$의 고유값 3개 중에서 값이 큰 2개의 고유값들과 일치한다.

일반적으로 크기가 다른 두 행렬 $AA^\intercal$과 $A^\intercal A$에서 작은 행렬의 고유값들은 고유값이 큰 순서에 따라 큰 행렬의 고유값들과 일치한다.

**정 리** **7.17** 실행렬 $A \in M_{n\times n}$의 고유값 $\lambda$에 대응하는 고유공간

$$V_\lambda = \{\mathbf{x} \in \mathbf{R}^n \mid A\mathbf{x} = \lambda\mathbf{x}\}$$

는 $\mathbf{R}^n$의 부분공간을 이룬다.

【증명】 $\lambda$의 고유벡터를 $\mathbf{x}_1$, $\mathbf{x}_2$라 하면 $A\mathbf{x}_1 = \lambda\mathbf{x}_1$, $A\mathbf{x}_2 = \lambda\mathbf{x}_2$이다. 따라서

$$A(\mathbf{x}_1 + \mathbf{x}_2) = A\mathbf{x}_1 + A\mathbf{x}_2 = \lambda\mathbf{x}_1 + \lambda\mathbf{x}_2 = \lambda(\mathbf{x}_1 + \mathbf{x}_2)$$

이므로 $\mathbf{x}_1 + \mathbf{x}_2 \in V_\lambda$ 이다. 또한 임의의 실수 $\alpha$에 대하여

$$A(\alpha\mathbf{x}_1) = \alpha(A\mathbf{x}_1) = \alpha(\lambda\mathbf{x}_1) = \lambda(\alpha\mathbf{x}_1)$$

이므로 $\alpha\mathbf{x}_1 \in V_\lambda$ 이다. 그러므로 정리 5.13 로부터 $V_\lambda$는 $\mathbf{R}^n$ 의 부분공간임을 알 수 있다. □

고유값에 대해서는 아래와 같은 성질이 성립한다는 것이 알려져 있다.

**정 리** **7.18** (1) 행렬 $A$의 고유값들의 합은 행렬 $A$의 주대각성분의 합과 같다.

(2) 행렬 $A$의 고유값들의 곱은 행렬 $A$의 행렬식의 값과 같다.

(3) 전치행렬 $A^\intercal$의 고유값은 행렬 $A$의 고유값과 같다.

(4) $A$가 가역행렬일 때, 역행렬 $A^{-1}$의 고유값은 행렬 $A$의 고유값의 역수들이다.

**예 제** **7.19** 예제 7.10의 행렬 $A = \begin{pmatrix} 1 & 2 \\ 3 & 2 \end{pmatrix}$ 에 대해 위 정리가 성립함을 확인하여라.

【풀이】 예제 7.10에서 행렬 $A$의 고유값은 $4, -1$ 이었다.

(1) 고유값의 합은 $4 - 1 = 3$으로서 주대각성분의 합 $1 + 2 = 3$과 같다.

(2) 고유값의 곱은 $4(-1) = -4$로서 행렬식 $A = \begin{vmatrix} 1 & 2 \\ 3 & 2 \end{vmatrix} = -4$와 같다.

(3) 전치행렬 $A^\intercal = \begin{pmatrix} 1 & 3 \\ 2 & 2 \end{pmatrix}$ 의 고유방정식은 행렬 $A$의 고유방정식과 일치하므로 고유값도 일치한다.

(4) 행렬 $A = \begin{pmatrix} 1 & 2 \\ 3 & 2 \end{pmatrix}$는 가역행렬로서 $A^{-1} = \begin{pmatrix} -\frac{2}{4} & \frac{2}{4} \\ \frac{3}{4} & -\frac{1}{4} \end{pmatrix}$이고,

고유값을 구하면 $\frac{1}{4}, -1$로서 행렬 $A$의 고유값의 역수들이다. □

**정 리** **7.20** 어떤 행렬 $A$에 대해 행렬 $A^{\mathsf{T}}A$의 고유값 $\lambda$에 대한 고유벡터를 $\mathbf{u}$라 하자. 그러면 $\mathbf{v} = A\mathbf{u}$는 $AA^{\mathsf{T}}$의 고유값 $\lambda$에 대한 고유벡터가 된다. 즉,

$$(A^{\mathsf{T}}A)\mathbf{u} = \lambda\mathbf{u} \quad \Longrightarrow \quad (AA^{\mathsf{T}})(A\mathbf{u}) = \lambda(A\mathbf{u}).$$

【증명】 $\mathbf{u}$를 행렬 $A^{\mathsf{T}}A$의 고유값 $\lambda$에 대한 고유벡터라 하면

$$\begin{aligned} (A^{\mathsf{T}}A)\mathbf{u} = \lambda\mathbf{u} \quad &\Longrightarrow \quad A(A^{\mathsf{T}}A)\mathbf{u} = A(\lambda\mathbf{u}) \\ &\Longrightarrow \quad (AA^{\mathsf{T}})(A\mathbf{u}) = \lambda(A\mathbf{u}) \\ &\Longrightarrow \quad (AA^{\mathsf{T}})(\mathbf{v}) = \lambda\mathbf{v} \end{aligned}$$

이다. 따라서 $\mathbf{v} = A\mathbf{u}$는 $AA^{\mathsf{T}}$의 고유값 $\lambda$에 대한 고유벡터가 된다. □

## 7.2 행렬의 대각화

고유값과 고유벡터의 특징을 사용하면 원래 행렬과 비슷한 성질을 갖는 닮은 행렬인 대각행렬을 구할 수 있는데, 기하학이나 공학 등의 분야에서 이론적으로 자주 활용된다.

---

**정 의 7.21** 적당한 대각행렬 $D$와 가역행렬 $P$를 사용해서

$$A = PDP^{-1}$$

로 나타낼 수 있을 때, 행렬 $A$는 대각화(diagonalize) 가능하다고 한다. 이때 행렬 $A$와 $D$를 서로 닮은 행렬(similar matrix)이라 한다.

---

행렬의 대각화를 본격적으로 알아보기 전에 어떤 상황에서 닮은 행렬이 되는 대각행렬이 얻어지는지 알아보기로 하자.

**예 제 7.22** 행렬 $A = \begin{pmatrix} 1 & 2 \\ 3 & 2 \end{pmatrix}$로 주어지는 선형변환 $T : \mathbf{R}^2 \to \mathbf{R}^2$의 고유벡터를 구한 뒤, 이를 기저로 하는 $T$의 행렬 $M_T$를 구하면 대각행렬이 됨을 보여라.

【풀이】 행렬 $A$에 관한 선형변환 $T_A : \mathbf{R}^2 \to \mathbf{R}^2$은 $\mathbf{x} = (x,\, y)^{\mathsf{T}}$에 대하여

$$T_A(\mathbf{x}) = A\mathbf{x} = \begin{pmatrix} 1 & 2 \\ 3 & 2 \end{pmatrix} \begin{pmatrix} x \\ y \end{pmatrix} = \begin{pmatrix} x + 2y \\ 3x + 2y \end{pmatrix}$$

이다. 즉, $T(x, y) = (x + 2y,\, 3x + 2y)$이다. 또한 예제 7.10에 의해 행렬 $A$의 고유값은 4, $-1$이고, 이들에 대응하는 고유벡터는 각각 0이 아닌 $\alpha$,

$\beta$에 대하여 $\alpha(2,\ 3)^{\mathsf{T}}$, $\beta(1,\ -1)^{\mathsf{T}}$임을 알고 있다. 이제 고유벡터와 관련한 기저집합 $\{(2,\ 3),\ (1,\ -1)\}$에 관한 $T$의 행렬 $M_T$를 구하여 보자. 먼저 $(x,\ y) \in \mathbf{R}^2$에 대하여

$$(x,\ y) = \alpha(2,\ 3) + \beta(1,\ -1)$$

을 만족하는 $\alpha$, $\beta$를 구하면

$$\alpha = \frac{x+y}{5}, \qquad \beta = \frac{3x-2y}{5}$$

이다. 따라서,

$$(x,\ y) = \frac{x+y}{5}(2,\ 3) + \frac{3x-2y}{5}(1,\ -1)$$

이다. 그러므로

$$\begin{aligned} T(2,\ 3) &= (8,\ 12) = (4)(2,\ 3) + (0)(1,\ -1), \\ T(1,\ -1) &= (-1,\ 1) = (0)(2,\ 3) + (-1)(1,\ -1) \end{aligned}$$

으로부터 기저 $\{(2,\ 3),\ (1,\ -1)\}$에 관한 선형변환 $T$의 행렬 $M_T$은

$$M_T = \begin{pmatrix} 4 & 0 \\ 0 & -1 \end{pmatrix}$$

로서 대각행렬이다. □

위의 예제 7.22를 살펴보면, 행렬 $A$로부터 선형변환 $T$를 얻은 다음, 고유벡터들을 기저로 하여 행렬 $M_T$를 구하면 대각행렬이 된다. 즉, 대각행렬을 얻기 위한 기저는 고유벡터들의 집합이고, 이렇게 얻은 대각행렬의 성분은 $A$의 고유값이 된다.

행렬의 대각화에 대한 필요충분조건은 아래 정리와 같이 알려져 있는데,

증명은 복잡하므로 여기서는 다루지 않겠다.

**정 리** **7.23** 행렬 $A \in M_{n\times n}$가 대각화 가능할 필요충분조건은 $A$의 고유값 $\lambda_1, \cdots, \lambda_n$(같은 값이 반복될 수 있음)에 대응하는 일차독립인 $n$개의 고유벡터 $\mathbf{x}_1, \cdots, \mathbf{x}_n$이 존재하는 것이다. 이때

$$P = \begin{pmatrix} \mathbf{x}_1 & \cdots & \mathbf{x}_n \end{pmatrix}, \quad D = \begin{pmatrix} \lambda_1 & & 0 \\ & \ddots & \\ 0 & & \lambda_n \end{pmatrix}$$

라고 하면

$$A = PDP^{-1}$$

를 만족한다.

**예 제** **7.24** 예제 7.22의 행렬 $A = \begin{pmatrix} 1 & 2 \\ 3 & 2 \end{pmatrix}$를 대각화 하여라.

【풀이】 고유값 $4, -1$로 이루어진 대각행렬을 $D$라 하고, 고유벡터 $(2,3), (1,-1)$을 열로 배열해서 얻어지는 행렬을 $P$라 하면

$$A = PDP^{-1}$$

이다. 실제로 계산을 하면

$$PDP^{-1} = \begin{pmatrix} 2 & 1 \\ 3 & -1 \end{pmatrix} \begin{pmatrix} 4 & 0 \\ 0 & -1 \end{pmatrix} \begin{pmatrix} \frac{1}{5} & \frac{1}{5} \\ \frac{3}{5} & -\frac{2}{5} \end{pmatrix} = \begin{pmatrix} 1 & 2 \\ 3 & 2 \end{pmatrix} = A$$

이다. □

대각화를 사용하면 행렬의 거듭제곱을 쉽게 구할 수 있다.

**예 제** **7.25** 다음 행렬 $A^{100}$을 구하여라.

$$A = \begin{pmatrix} 1 & 2 \\ 3 & 2 \end{pmatrix}$$

【풀이】 위 예제에서 $A = PDP^{-1}$ 이므로,

$$\begin{aligned} A^{100} &= (PDP^{-1})^{100} \\ &= (PDP^{-1})(PDP^{-1}) \cdots (PDP^{-1})(PDP^{-1}) \\ &= (PD)D \cdots D(DP^{-1}) \\ &= PD^{100}P^{-1} \end{aligned}$$

이다. 따라서

$$\begin{aligned} A^{100} &= \begin{pmatrix} 2 & 1 \\ 3 & -1 \end{pmatrix} \begin{pmatrix} 4 & 0 \\ 0 & -1 \end{pmatrix}^{100} \begin{pmatrix} \frac{1}{5} & \frac{1}{5} \\ \frac{3}{5} & -\frac{2}{5} \end{pmatrix} \\ &= \begin{pmatrix} 2 & 1 \\ 3 & -1 \end{pmatrix} \begin{pmatrix} 4^{100} & 0 \\ 0 & (-1)^{100} \end{pmatrix} \begin{pmatrix} \frac{1}{5} & \frac{1}{5} \\ \frac{3}{5} & -\frac{2}{5} \end{pmatrix} \\ &= \begin{pmatrix} \frac{2}{5} \cdot 4^{100} + \frac{3}{5} & \frac{2}{5} \cdot 4^{100} - \frac{2}{5} \\ \frac{3}{5} \cdot 4^{100} - \frac{3}{5} & \frac{3}{5} \cdot 4^{100} + \frac{2}{5} \end{pmatrix} \end{aligned}$$

□

**예 제** **7.26** 다음 대칭행렬 $A$로 주어지는 선형변환 $T$의 고유값, 고유벡터, 고유공간을 구하여라. 또 서로 다른 고유공간에 속한 고유벡터들은

직교함을 보여라.

$$A = \begin{pmatrix} 3 & -2 & 0 \\ -2 & 3 & 0 \\ 0 & 0 & 5 \end{pmatrix}$$

【풀이】 주어진 행렬 $A$와 관련한 고유방정식

$$\begin{vmatrix} 3-\lambda & -2 & 0 \\ -2 & 3-\lambda & 0 \\ 0 & 0 & 5-\lambda \end{vmatrix} = (1-\lambda)(5-\lambda)^2 = 0$$

이므로 고유값은 $\lambda = 1,\ \lambda = 5$이다.

(1) 고유값 $\lambda = 5$에 대응하는 고유벡터 $\mathbf{x} = (x,\ y,\ z)^\mathsf{T}$는 다음 연립방정식의 근이다.

$$3x - 2y = 5x, \qquad -2x + 3y = 5y, \qquad 5z = 5z$$

이 방정식을 풀면 $y = -x,\ z \in \mathbf{R}$이므로 고유값 $\lambda = 5$에 대응하는 고유벡터는 동시에 0이 아닌 $\alpha,\ \beta$에 대하여 $\mathbf{x} = (\alpha,\ -\alpha,\ \beta)^\mathsf{T}$이다. 따라서 고유공간은

$$V_5 = \langle (1,\ -1,\ 0)^\mathsf{T},\ (0,\ 0,\ 1)^\mathsf{T} \rangle$$

이고 $\dim V_5 = 2$이다.

(2) 고유값 $\lambda = 1$에 대응하는 고유벡터 $\mathbf{x} = (x,\ y,\ z)^\mathsf{T}$는 다음 연립방정식의 근이다.

$$3x - 2y = x, \qquad -2x + 3y = y, \qquad 5z = z$$

이 방정식을 풀면 $y = x,\ z = 0$이므로 고유값 $\lambda = 1$에 대응하는 고유벡터는 0이 아닌 $\alpha$에 대하여 $\mathbf{x} = \alpha(1,\ 1,\ 0)^\mathsf{T}$이다. 따라서 고유공간은

$$V_1 = \langle (1,\ 1,\ 0)^\mathsf{T} \rangle$$

이고, 고유공간의 차원은 $\dim V_1 = 1$ 이다.

(3) $V_5$ 의 기저집합 $\{(1,\ -1,\ 0)^\intercal,\ (0,\ 0,\ 1)^\intercal\}$ 의 벡터는 $V_1$ 의 기저집합 $\{(1,\ 1,\ 0)^\intercal\}$ 의 벡터와 서로 직교함을 알 수 있다. 마찬가지로 서로 다른 고유공간에 속한 임의의 벡터들은 서로 직교한다. □

위 예제와 같이 $n \times n$ 행렬의 일차독립인 고유벡터의 개수가 $n$ 이 될 경우 정리 7.23에 의해 행렬의 대각화가 가능하다. 다음 예제에서 살펴보자.

**예 제** **7.27** 예제 7.26의 행렬 $A$를 대각화하여라.

$$A = \begin{pmatrix} 3 & -2 & 0 \\ -2 & 3 & 0 \\ 0 & 0 & 5 \end{pmatrix}$$

【풀이】 위에서 구한 고유벡터 $(1, 1, 0), (1, -1, 0), (0, 0, 1)$ 을 열벡터로 놓아서 얻어지는 행렬을 $P$라 하고, 고유값으로 이루어진 대각행렬을 $D$라 하면,

$$P = \begin{pmatrix} 1 & 1 & 0 \\ 1 & -1 & 0 \\ 0 & 0 & 1 \end{pmatrix}, \quad D = \begin{pmatrix} 1 & 0 & 0 \\ 0 & 5 & 0 \\ 0 & 0 & 5 \end{pmatrix}$$

가 되고

$$PDP^{-1} = \begin{pmatrix} 1 & 1 & 0 \\ 1 & -1 & 0 \\ 0 & 0 & 1 \end{pmatrix} \begin{pmatrix} 1 & 0 & 0 \\ 0 & 5 & 0 \\ 0 & 0 & 5 \end{pmatrix} \begin{pmatrix} \frac{1}{2} & \frac{1}{2} & 0 \\ \frac{1}{2} & -\frac{1}{2} & 0 \\ 0 & 0 & 1 \end{pmatrix}$$

$$= \begin{pmatrix} 1 & 5 & 0 \\ 1 & -5 & 0 \\ 0 & 0 & 5 \end{pmatrix} \begin{pmatrix} \frac{1}{2} & \frac{1}{2} & 0 \\ \frac{1}{2} & -\frac{1}{2} & 0 \\ 0 & 0 & 1 \end{pmatrix} = \begin{pmatrix} 3 & -2 & 0 \\ -2 & 3 & 0 \\ 0 & 0 & 5 \end{pmatrix} = A.$$

결국, 주어진 행렬은 고유값의 대각행렬 $D$와 고유벡터들의 행렬 $P$를 사용

하여

$$A = PDP^{-1}$$

와 같이 나타낼 수 있다. □

**참 고** **7.28** 대각화란 선형변환 $A$의 계산을 하는 대신, 즉, $A$의 우측에 벡터 $\mathbf{x}$의 행렬곱을 하는 대신, 좌표축을 새로 설정하는 좌표 변환 $P^{-1}$를 한 후, 각 성분에 대해서 길이를 변화시키는 변환 $D$를 하고, 다시 좌표 변환의 역변환 $P$를 하는 것이다. 행렬의 계산을 대각행렬의 계산으로 바꿀 수 있기 때문에 예제 7.25와 같은 계산을 편하게 할 수 있다.

## 7.3 고유값의 응용

영상 인식이나 음성 인식, 지문 인식 등의 컴퓨터 과학에서는 고유값과 고유벡터가 중요한 역할을 하는데 다음 8장에서 자세히 설명하기로 하고 여기서는 다른 분야의 간단한 응용 예를 살펴보기로 하자.

**예 제 7.29** 2020년 1월 현재 서울 인구는 약 970만 명, 인천 및 경기도 인구는 약 1600만 명이다. 진학, 취업, 환경, 주택 등의 문제로 매년 서울 인구의 10%가 인천경기로 이주하고, 인천경기 인구의 5%가 서울로 이주한다고 하자. (1) 1년 후에는 각각의 인구가 얼마인가? (2) 이런 현상이 오래 지속된다면 더 이상 인구 변화가 없는 상태에 이르는데, 이 때의 서울 인구와 인천경기 인구는 얼마인가?

【풀이】 인구 이동을 표로 나타내면 다음과 같다.

| | 서울에서 | 인천경기에서 |
|---|---|---|
| 서울로 | 0.9 | 0.05 |
| 인천경기로 | 0.1 | 0.95 |

(1) 현재의 인구를 $\mathbf{x}$라하고, 주어진 인구 변화 추세를 행렬 $A$라 할 때 1년 후의 인구는

$$A\mathbf{x} = \begin{pmatrix} 0.9 & 0.05 \\ 0.1 & 0.95 \end{pmatrix} \begin{pmatrix} x \\ y \end{pmatrix} = \begin{pmatrix} 0.9 & 0.05 \\ 0.1 & 0.95 \end{pmatrix} \begin{pmatrix} 970 \\ 1600 \end{pmatrix} \approx \begin{pmatrix} 953 \\ 1617 \end{pmatrix}$$

이다. 즉, 서울 약 953만 명, 인천경기 약 1617만 명이다.

(2) 인구 변화가 없는 상태가 되려면 현재의 인구 $\mathbf{x}$와 1년 후의 인구 $A\mathbf{x}$가 같아지므로, $A\mathbf{x} = \mathbf{x}$가 되어야 한다. 즉, 고유값 1을 가지는 $A$의

고유벡터를 구하는 문제가 된다. 따라서 방정식

$$A\mathbf{x} = \begin{pmatrix} 0.9 & 0.05 \\ 0.1 & 0.95 \end{pmatrix} \begin{pmatrix} x \\ y \end{pmatrix} = \begin{pmatrix} x \\ y \end{pmatrix} = \mathbf{x}$$

의 해를 구하면 된다. 이를 풀면 $y = 2x$를 얻게 된다. 즉, 처음 인구와 상관없이 인천경기 지역의 인구가 서울 인구의 2배가 된다. 그런데 처음 인구의 합이 2570만 명이므로 서울 약 857만 명, 인천경기 약 1713만 명이 되고 나서는 인구 변화가 없다. □

위 문제에서 상태 변화를 나타내는 행렬은, 각 열의 성분이 0보다 크거나 같고 그 합이 1이 된다. 이는 확률과 관련이 있는데 이런 형태의 행렬을 마르코프 행렬(Markov matrix)이라 한다. 마르코프 행렬을 이용한 또 다른 예를 살펴보자.

**예 제** **7.30** 어떤 도시의 2020년 용도별 토지 사용 비율이 아래와 같다.

I 주거지역 30%, II 상업지역 20%, III 생산지역 50%

이 도시의 토지 용도변경이 지난 5년간 아래와 같은 추세로 일어났다고 하자.

| | I 에서 | II 에서 | III 에서 |
|---|---|---|---|
| I 로 | 0.8 | 0.1 | 0 |
| II 로 | 0.1 | 0.7 | 0.1 |
| III 으로 | 0.1 | 0.2 | 0.9 |

이와 같은 추세로 용도변경이 계속 일어난다면 결국 용도별 사용 비율이 변화가 없는 상태가 되는데, 이 때의 용도별 사용 비율을 구하여라.

【풀이】 현재의 토지사용 비율을 $\mathbf{x}$라하고, 주어진 용도 변경 추세에 따라 5년 후의 토지 사용 비율 $\mathbf{y}$를 구하면 $\mathbf{y} = A\mathbf{x}$이다. 따라서 변화가 없는 상태가 되려면 $A\mathbf{x} = \mathbf{x}$가 되므로 고유값 1을 가지는 $A$의 고유벡터를 구하는

문제가 된다. 따라서 방정식

$$A\mathbf{x} = \begin{pmatrix} 0.8 & 0.1 & 0 \\ 0.1 & 0.7 & 0.1 \\ 0.1 & 0.2 & 0.9 \end{pmatrix} \begin{pmatrix} x \\ y \\ z \end{pmatrix} = \begin{pmatrix} x \\ y \\ z \end{pmatrix} = \mathbf{x}$$

를 풀면 $x = z/5$, $y = 2z/5$이다. 그런데 $x + y + z = 100$이므로 $x = 12.5$, $y = 25$, $z = 62.5$이다. 즉, 주거지역 12.5%, 상업지역 25%, 생산지역 62.5%에서 더 이상 변화가 없다. □

**예 제** **7.31** 최대 수명이 6년인 어떤 암컷 실험 동물이 있다고 하자. 이 동물의 나이를 2년 구간으로 나누어서 2살 미만, 2살 이상 ~ 4살 미만, 4살 이상 등 3개 그룹으로 구분한다. 이제 아래와 같은 레슬리 행렬(Leslie matrix)을 생각하자.

$$L = \left(l_{ij}\right) = \begin{pmatrix} 0 & 2.3 & 0.4 \\ 0.6 & 0 & 0 \\ 0 & 0.3 & 0 \end{pmatrix}$$

여기서 1행은 암컷 동물 한 마리가 주어진 그룹에 속할 동안 낳는 암컷 새끼의 평균수를 나타낸다. 또 $l_{j,j-1}$ $(j = 2,\ 3)$는 $j-1$ 그룹에서 $j$ 그룹에 이르기까지 살아남을 확률을 나타낸다. 즉, 2살 미만에서 2살 이상 살아남을 확률은 0.6이고 2살 ~ 4살에서 4살 이상까지 살아남을 확률은 0.3이다.

(1) 처음에 암컷 동물이 각 그룹마다 500마리씩 있었다면 2년, 4년, 6년 후에는 몇 마리씩 남겠는가?

(2) 그룹별 개체가 증가하는 비율이 같아지려면 처음에 몇 마리씩 구입해야 하는가?

【풀이】

(1) 2년 후에 남는 동물의 수는

$$\mathbf{y} = L\mathbf{x} = \begin{pmatrix} 0 & 2.3 & 0.4 \\ 0.6 & 0 & 0 \\ 0 & 0.3 & 0 \end{pmatrix} \begin{pmatrix} 500 \\ 500 \\ 500 \end{pmatrix} = \begin{pmatrix} 1350 \\ 300 \\ 150 \end{pmatrix}$$

이다. 마찬가지로 4년 후에는 $\mathbf{z} = L\mathbf{y} = L(L\mathbf{x}) = L^2\mathbf{x} = (750,\ 810,\ 90)^\intercal$ 이다. 6년 후에는 $\mathbf{w} = L\mathbf{z} = L^3\mathbf{x} = (1899,\ 450,\ 243)^\intercal$ 이다.

(2) 그룹별 증가비율이 모두 $\lambda$가 되려면 $L\mathbf{x} = \lambda\mathbf{x}$가 되어야 하므로, 고유값 $\lambda$와 고유벡터 $\mathbf{x}$를 구하는 문제가 된다. 따라서 고유방정식은

$$|L - \lambda I| = -\lambda^3 - 0.6(-2.3\lambda - 0.3 \cdot 0.4) = -\lambda^3 + 1.38\lambda + 0.072 = 0$$

이고 이를 풀면 $\lambda \approx 1.2$, 고유벡터는 $(1,\ 0.5,\ 0.125)^\intercal$ 이다. 만일 1500마리를 구입한다면 그룹 1에서 923마리, 그룹 2에서 462마리, 그룹 3에서 115마리를 구입하면 된다. 이 경우 2년 후에는 $923 \cdot 1.2 + 462 \cdot 1.2 + 115 \cdot 1.2 = 1500 \cdot 1.2 = 1800$마리가 된다.

□

## 7.4 연습문제 7

1. 다음 행렬의 고유값, 고유공간을 구하고, 서로 다른 고유공간의 벡터들은 일차독립임을 보여라.

(1) $\begin{pmatrix} 1 & 1 \\ 2 & 1 \end{pmatrix}$ (2) $\begin{pmatrix} -1 & -1 \\ 2 & 2 \end{pmatrix}$

(3) $\begin{pmatrix} 3 & 2 \\ 4 & 1 \end{pmatrix}$ (4) $\begin{pmatrix} 2 & 1 \\ 4 & -1 \end{pmatrix}$

2. 다음 행렬의 고유값, 고유공간을 구하고, 서로 다른 고유공간의 벡터들은 일차독립임을 보여라.

(1) $\begin{pmatrix} 1 & 1 & 2 \\ 1 & 1 & -1 \\ 3 & -3 & 0 \end{pmatrix}$ (2) $\begin{pmatrix} 5 & 0 & -2 \\ 0 & -1 & -8 \\ 1 & 0 & 2 \end{pmatrix}$

(3) $\begin{pmatrix} 2 & -1 & 0 \\ -1 & 2 & 0 \\ 0 & 0 & 1 \end{pmatrix}$ (4) $\begin{pmatrix} 1 & 2 & 1 \\ 2 & 1 & 2 \\ 2 & 2 & 2 \end{pmatrix}$

3. 다음 각 대칭행렬에 대해 서로 다른 고유값에 대응하는 고유벡터들이 직교함을 보여라.

(1) $A = \begin{pmatrix} 1 & 2 \\ 2 & 4 \end{pmatrix}$ (2) $B = \begin{pmatrix} 2 & -1 & 1 \\ -1 & 2 & 0 \\ 1 & 0 & 2 \end{pmatrix}$

4. 다음 행렬의 고유다항식 $f(\lambda)$를 구하고 $f(A) = O$임을 보여라.

(1) $A = \begin{pmatrix} 2 & 1 \\ 4 & -1 \end{pmatrix}$ (2) $A = \begin{pmatrix} 2 & 0 & 0 \\ 0 & 2 & 2 \\ 0 & 0 & 1 \end{pmatrix}$

5. 다음 대각행렬 $A$의 고유값과 고유공간을 구하여라.

$$A = \begin{pmatrix} a_{11} & 0 & \cdots & 0 \\ 0 & a_{22} & \cdots & 0 \\ \vdots & & & \vdots \\ 0 & 0 & \cdots & a_{nn} \end{pmatrix}$$

6. 다음 선형변환의 고유값과 고유공간을 구하여라.

(1) $T(x,\, y) = (-y,\, -x)$

(2) $T(x,\, y) = (2x,\, 3y)$

(3) $T(x,\, y,\, z) = (x + 2y,\, 2y + x,\, z)$

(4) $T(x,\, y,\, z) = (x,\, 2y,\, 2y + 4z)$

7. 선형변환 $T:\ \mathbf{R}^3 \to \mathbf{R}^3, T(x,\, y,\, z) = (x,\, -2y,\, -2x + 4z)$에 대하여

(1) 표준기저에 관한 $T$의 행렬을 구하여라.

(2) 기저 $\{(0,\, 1,\, 0),\, (3,\, 0,\, 2),\, (0,\, 0,\, 1)\}$에 관한 $T$의 행렬을 구하여라.

(3) 위 (1), (2)의 두 기저에 관한 $T$의 고유다항식을 구하여라.

(4) $T$의 고유벡터와 고유공간을 구하여라.

8. 다음 행렬을 대각화 하여라.

(1) $\begin{pmatrix} 3 & 2 \\ 4 & 1 \end{pmatrix}$ (2) $\begin{pmatrix} 2 & 1 \\ 4 & -1 \end{pmatrix}$

(3) $\begin{pmatrix} 1 & 1 & 2 \\ 1 & 1 & -1 \\ 3 & -3 & 0 \end{pmatrix}$ (4) $\begin{pmatrix} 5 & 0 & -2 \\ 0 & -1 & -8 \\ 1 & 0 & 2 \end{pmatrix}$

# Chapter 8

# 고유벡터의 응용: 영상인식

학습 데이터를 통해 훈련된 속성을 기반으로 분류나 예측을 위한 알고리즘을 연구하는 인공지능 분야를 기계학습(machine learning)이라 한다. 기계학습 중 영상인식과 음성인식에서 우수한 성능을 보인 신경망 학습은 빅데이터 기술이 등장하면서 방대한 데이터를 모델링에 쓸 수 있었고 정확성도 더욱 높아졌다. 이와 같이 신경망 학습에 빅데이터를 결합한 것을 딥러닝(deep learning)이라 한다.

주성분 분석(principal component analysis)은 1991년 A. Pentland에 의해 얼굴인식에 처음으로 제안되어 신경망 학습 분야에 많이 사용되고 있다. 주성분 분석은 사진 이미지와 같은 고차원 데이터에서 패턴을 찾는 도구 중 하나인데, 고차원 데이터의 중요한 성분을 골라준다. 이를 통해 신경망 학습의 성능을 향상시킬 수 있다.

주성분 분석은 행렬의 여러 가지 특징을 이용하여 계산한다. 이 장에서는 주성분 분석에 행렬이 어떻게 응용되는지 예를 들어 알아보기로 하자.

## 8.1 영상인식에서 고유벡터의 의미

먼저 영상인식에서 사용되는 고유벡터의 의미에 대해 알아보고 나서 영상인식에 대한 이론을 설명하기로 하자.

고유벡터는 영상인식에서 데이터의 분포에 대해 변이가 큰 방향을 찾는 주성분 분석 기법에 사용된다. 예를 들어 $xy$ 평면상에 세 개의 점

$$\mathbf{x}_1 = (1, 1),\ \mathbf{x}_2 = (0, 0),\ \mathbf{x}_3 = (-1, -1)$$

이 있다고 하자. 이들 각각의 점을 열벡터로 표시하여 $(\mathbf{x}_1, \mathbf{x}_2, \mathbf{x}_3)$의 $2 \times 3$ 행렬로 나타내면

$$A = \begin{pmatrix} 1 & 0 & -1 \\ 1 & 0 & -1 \end{pmatrix}$$

이다. 이제 공분산행렬(covariance matrix)이라고 불리는 $\Omega = AA^{\intercal}$의 고유벡터를 계산하여 보자. 공분산행렬에 대한 고유벡터들의 일차결합으로 주어진 데이터들을 좌표화하여 데이터 분포의 특성을 분석하려는 것이다.

**예 제 8.1** 세 점 $\mathbf{x}_1 = (1, 1), \mathbf{x}_2 = (0, 0), \mathbf{x}_3 = (-1, -1)$을 열벡터로 표시한 행렬 $A$의 공분산행렬은 $\Omega = AA^{\intercal}$이다. 공분산행렬 $\Omega$에 대해 크기가 1인 고유벡터들을 구하고 이 고유벡터들을 기저로 하여 주어진 세 점의 좌표를 구하여라.

$$A = \begin{pmatrix} 1 & 0 & -1 \\ 1 & 0 & -1 \end{pmatrix}$$

【풀이】 (1) 고유값 구하기

행렬 $A$의 공분산행렬 $\Omega$는

$$\Omega = AA^{\mathsf{T}} = \begin{pmatrix} 1 & 0 & -1 \\ 1 & 0 & -1 \end{pmatrix} \begin{pmatrix} 1 & 1 \\ 0 & 0 \\ -1 & -1 \end{pmatrix} = \begin{pmatrix} 2 & 2 \\ 2 & 2 \end{pmatrix}$$

이고, 이 행렬의 고유값을 구하면 $\lambda = 0, 4$이다.

(2) 고유벡터 구하기

$\lambda = 4$에 대한 고유벡터를 구하기 위해 $\Omega\mathbf{x} = 4\mathbf{x}$을 계산하면, 고유벡터는 임의의 실수 $a$에 대해서 $a(1,1)^{\mathsf{T}}$이다. 따라서 크기가 1인 고유벡터는 $\mathbf{v}_1 = (\frac{\sqrt{2}}{2}, \frac{\sqrt{2}}{2})^{\mathsf{T}}$이다.

$\lambda = 0$에 대한 고유벡터를 구하기 위해 $\Omega\mathbf{x} = 0\mathbf{x}$를 계산하면, 고유벡터는 임의의 실수 $a$에 대해서 $a(1,-1)^{\mathsf{T}}$이다. 따라서 크기가 1인 고유벡터는 $\mathbf{v}_2 = (\frac{\sqrt{2}}{2}, -\frac{\sqrt{2}}{2})^{\mathsf{T}}$이다.

(3) 전치행렬 구하기

크기가 1인 고유벡터들을 열벡터로 배열한 행렬 $V$와, 전치행렬 $V^{\mathsf{T}}$를 구하면 아래와 같다.

$$V = \begin{pmatrix} \frac{\sqrt{2}}{2} & \frac{\sqrt{2}}{2} \\ \frac{\sqrt{2}}{2} & -\frac{\sqrt{2}}{2} \end{pmatrix}, \quad V^{\mathsf{T}} = \begin{pmatrix} \frac{\sqrt{2}}{2} & \frac{\sqrt{2}}{2} \\ \frac{\sqrt{2}}{2} & -\frac{\sqrt{2}}{2} \end{pmatrix}.$$

(4) 좌표 구하기

이제 전치행렬 $V^{\mathsf{T}}$의 오른쪽에 주어진 벡터 $\mathbf{x}_i$를 곱하면 고유벡터들을 기저로 하는 $\mathbf{x}_i$의 좌표를 구할 수 있다. (예제 5.48 참조)

$$V^{\mathsf{T}}\mathbf{x}_1 = \begin{pmatrix} \frac{\sqrt{2}}{2} & \frac{\sqrt{2}}{2} \\ \frac{\sqrt{2}}{2} & -\frac{\sqrt{2}}{2} \end{pmatrix} \begin{pmatrix} 1 \\ 1 \end{pmatrix} = \begin{pmatrix} \sqrt{2} \\ 0 \end{pmatrix},$$

$$V^{\mathsf{T}}\mathbf{x}_2 = \begin{pmatrix} \frac{\sqrt{2}}{2} & \frac{\sqrt{2}}{2} \\ \frac{\sqrt{2}}{2} & -\frac{\sqrt{2}}{2} \end{pmatrix} \begin{pmatrix} 0 \\ 0 \end{pmatrix} = \begin{pmatrix} 0 \\ 0 \end{pmatrix},$$

$$V^{\mathsf{T}}\mathbf{x}_3 = \begin{pmatrix} \frac{\sqrt{2}}{2} & \frac{\sqrt{2}}{2} \\ \frac{\sqrt{2}}{2} & -\frac{\sqrt{2}}{2} \end{pmatrix} \begin{pmatrix} -1 \\ -1 \end{pmatrix} = \begin{pmatrix} -\sqrt{2} \\ 0 \end{pmatrix}.$$

따라서, 세 점 $\mathbf{x}_1 = (1,1), \mathbf{x}_2 = (0,0), \mathbf{x}_3 = (-1,-1)$ 의 좌표는 각각

$$\left(\sqrt{2}, 0\right), \quad (0,0), \quad \left(-\sqrt{2}, 0\right)$$

이다. □

위 예제에서 구한 좌표가 맞는지 확인하기 위해 일차결합으로 표시해 보면

$$\sqrt{2}\mathbf{v}_1 + 0\mathbf{v}_2 = \sqrt{2}\left(\frac{\sqrt{2}}{2}, \frac{\sqrt{2}}{2}\right) + 0\left(\frac{\sqrt{2}}{2}, -\frac{\sqrt{2}}{2}\right) = (1,1) = \mathbf{x}_1,$$

$$0\mathbf{v}_1 + 0\mathbf{v}_2 = (0,0) = \mathbf{x}_2,$$

$$(-\sqrt{2})\mathbf{v}_1 + 0\mathbf{v}_2 = (-\sqrt{2})\left(\frac{\sqrt{2}}{2}, \frac{\sqrt{2}}{2}\right) + 0\left(\frac{\sqrt{2}}{2}, -\frac{\sqrt{2}}{2}\right) = \mathbf{x}_3$$

으로서 좌표가 맞는다는 것을 확인할 수 있다.

**참 고** **8.2** 위 예제에서 가장 큰 고유값에 해당하는 고유벡터 $\mathbf{v}_1$ 의 방향이 첫 번째 주성분 방향이 되는데, 데이터의 분포가 가장 많이 벌어진 방향을 의미한다. 실제로 세 점 $\mathbf{x}_1 = (1,1), \mathbf{x}_2 = (0,0), \mathbf{x}_3 = (-1,-1)$ 을 좌표평면에 표시하면 $\mathbf{v}_1$ 의 방향인 직선 $y = x$ 를 따라 벌어져 있고 $\mathbf{v}_2$ 방향으로는 전혀 벌어져 있지 않음을 알 수 있다.

**참 고** **8.3** 위 예제에서 구한 세 점의 좌표를 살펴보면 두 번째 좌표값이 모두 0이다. 즉, 고유벡터 $\mathbf{v}_1, \mathbf{v}_2$ 방향으로 좌표축을 잡았을 때, $\mathbf{v}_1$ 의 성분만으로 세 점의 위치를 표시할 수 있다. 다시 말하면 고유값 0에 대한 고유벡터는 좌표 계산에서 아무런 역할도 못하고 있다. 그러므로 고유값이 0인 아닌 벡터 $\mathbf{v}_1$ 만을 가지고 좌표 계산을 할 수 있다. 실제로 구해보면,

크기가 1인 고유벡터를 사용해서

$$V^{\mathsf{T}} = \begin{pmatrix} \frac{\sqrt{2}}{2} & \frac{\sqrt{2}}{2} \end{pmatrix},$$

$$V^{\mathsf{T}}\mathbf{x}_1 = \begin{pmatrix} \frac{\sqrt{2}}{2} & \frac{\sqrt{2}}{2} \end{pmatrix} \begin{pmatrix} 1 \\ 1 \end{pmatrix} = \begin{pmatrix} \sqrt{2} \end{pmatrix},$$

$$V^{\mathsf{T}}\mathbf{x}_2 = \begin{pmatrix} \frac{\sqrt{2}}{2} & \frac{\sqrt{2}}{2} \end{pmatrix} \begin{pmatrix} 0 \\ 0 \end{pmatrix} = \begin{pmatrix} 0 \end{pmatrix},$$

$$V^{\mathsf{T}}\mathbf{x}_3 = \begin{pmatrix} \frac{\sqrt{2}}{2} & \frac{\sqrt{2}}{2} \end{pmatrix} \begin{pmatrix} -1 \\ -1 \end{pmatrix} = \begin{pmatrix} -\sqrt{2} \end{pmatrix}.$$

따라서, 세 점 $\mathbf{x}_1 = (1,1), \mathbf{x}_2 = (0,0), \mathbf{x}_3 = (-1,-1)$의 $\mathbf{v}_1$을 기저로 한 좌표는 각각

$$\begin{pmatrix} \sqrt{2} \end{pmatrix}, \quad (0), \quad \begin{pmatrix} -\sqrt{2} \end{pmatrix}$$

이다. 다시 말하면

$$\mathbf{x}_1 = (1,1) = \sqrt{2}\left(\frac{\sqrt{2}}{2}, \frac{\sqrt{2}}{2}\right) = \sqrt{2}\mathbf{v}_1,$$

$$\mathbf{x}_2 = (0,0) = 0\left(\frac{\sqrt{2}}{2}, \frac{\sqrt{2}}{2}\right) = 0\mathbf{v}_1,$$

$$\mathbf{x}_3 = (-1,-1) = -\sqrt{2}\left(\frac{\sqrt{2}}{2}, \frac{\sqrt{2}}{2}\right) = -\sqrt{2}\mathbf{v}_1$$

과 같이 $\mathbf{v}_1$의 일차결합으로 표시할 수 있다는 것이다.

고유벡터를 사용해서 좌표를 구하는 예제를 하나 더 알아보자.

**예 제** **8.4** 네 점 $\mathbf{x}_1 = (-2,-2), \mathbf{x}_2 = (0,0), \mathbf{x}_3 = (1,2), \mathbf{x}_4 = (2,1)$을 열벡터로 표시한 행렬 $A$의 공분산행렬 $\Omega$에 대해 크기가 1인 고유벡터들을

구하고 이 고유벡터들을 기저로 하여 주어진 네 점의 좌표를 구하여라.

$$A = \begin{pmatrix} -2 & 0 & 1 & 2 \\ -2 & 0 & 2 & 1 \end{pmatrix}$$

【풀이】 (1) 고유값구하기
행렬 $A$의 공분산행렬 $\Omega$는

$$\Omega = AA^{\intercal} = \begin{pmatrix} -2 & 0 & 1 & 2 \\ -2 & 0 & 2 & 1 \end{pmatrix} \begin{pmatrix} -2 & -2 \\ 0 & 0 \\ 1 & 2 \\ 2 & 1 \end{pmatrix} = \begin{pmatrix} 9 & 8 \\ 8 & 9 \end{pmatrix}$$

이고, 이 행렬의 고유값을 구하면 $\lambda = 1, 17$이다.

(2) 고유벡터 구하기
$\lambda = 17$에 대한 고유벡터를 구하기 위해 $\Omega\mathbf{x} = 17\mathbf{x}$을 계산하면, 고유벡터는 임의의 실수 $a$에 대해서 $a(1,1)^{\intercal}$이다. 따라서 크기가 1인 고유벡터는 $\mathbf{v}_1 = (\frac{\sqrt{2}}{2}, \frac{\sqrt{2}}{2})^{\intercal}$이다.

$\lambda = 1$에 대한 고유벡터를 구하기 위해 $\Omega\mathbf{x} = 1\mathbf{x}$를 계산하면, 고유벡터는 임의의 실수 $a$에 대해서 $a(1,-1)^{\intercal}$이다. 따라서 크기가 1인 고유벡터는 $\mathbf{v}_2 = (\frac{\sqrt{2}}{2}, -\frac{\sqrt{2}}{2})^{\intercal}$이다.

(3) 전치행렬 구하기
크기가 1인 고유벡터들을 열벡터로 생각하여 배열한 행렬 $V$와, 전치행렬 $V^{\intercal}$를 구하면 아래와 같다.

$$V = \begin{pmatrix} \frac{\sqrt{2}}{2} & \frac{\sqrt{2}}{2} \\ \frac{\sqrt{2}}{2} & -\frac{\sqrt{2}}{2} \end{pmatrix}, \quad V^{\intercal} = \begin{pmatrix} \frac{\sqrt{2}}{2} & \frac{\sqrt{2}}{2} \\ \frac{\sqrt{2}}{2} & -\frac{\sqrt{2}}{2} \end{pmatrix}.$$

(4) 좌표 구하기

이제 전치행렬 $V^{\mathsf{T}}$의 오른쪽에 주어진 벡터 $\mathbf{x}_i$를 곱하면 고유벡터들을 기저로 하는 $\mathbf{x}_i$의 좌표를 구할 수 있다.

$$V^{\mathsf{T}}\mathbf{x}_1 = \begin{pmatrix} \frac{\sqrt{2}}{2} & \frac{\sqrt{2}}{2} \\ \frac{\sqrt{2}}{2} & -\frac{\sqrt{2}}{2} \end{pmatrix} \begin{pmatrix} -2 \\ -2 \end{pmatrix} = \begin{pmatrix} -2\sqrt{2} \\ 0 \end{pmatrix},$$

$$V^{\mathsf{T}}\mathbf{x}_2 = \begin{pmatrix} \frac{\sqrt{2}}{2} & \frac{\sqrt{2}}{2} \\ \frac{\sqrt{2}}{2} & -\frac{\sqrt{2}}{2} \end{pmatrix} \begin{pmatrix} 0 \\ 0 \end{pmatrix} = \begin{pmatrix} 0 \\ 0 \end{pmatrix},$$

$$V^{\mathsf{T}}\mathbf{x}_3 = \begin{pmatrix} \frac{\sqrt{2}}{2} & \frac{\sqrt{2}}{2} \\ \frac{\sqrt{2}}{2} & -\frac{\sqrt{2}}{2} \end{pmatrix} \begin{pmatrix} 1 \\ 2 \end{pmatrix} = \begin{pmatrix} \frac{3\sqrt{2}}{2} \\ -\frac{\sqrt{2}}{2} \end{pmatrix}.$$

$$V^{\mathsf{T}}\mathbf{x}_4 = \begin{pmatrix} \frac{\sqrt{2}}{2} & \frac{\sqrt{2}}{2} \\ \frac{\sqrt{2}}{2} & -\frac{\sqrt{2}}{2} \end{pmatrix} \begin{pmatrix} 2 \\ 1 \end{pmatrix} = \begin{pmatrix} \frac{3\sqrt{2}}{2} \\ \frac{\sqrt{2}}{2} \end{pmatrix}.$$

따라서, 네 점 $\mathbf{x}_1 = (-2, -2), \mathbf{x}_2 = (0, 0), \mathbf{x}_3 = (1, 2), \mathbf{x}_4 = (2, 1)$의 좌표는 각각

$$(-2\sqrt{2}, 0), \quad (0, 0), \quad \left(\frac{3\sqrt{2}}{2}, -\frac{\sqrt{2}}{2}\right), \quad \left(\frac{3\sqrt{2}}{2}, \frac{\sqrt{2}}{2}\right)$$

이다. □

위 풀이를 살펴보면, 예제 8.1과 다르게 두 좌표가 모두 필요하다. 실제로 좌표평면에 네 점을 표시하면 $\mathbf{v}_1, \mathbf{v}_2$ 두 방향 모두 점들의 분포 변이가 있다는 것을 알 수 있다.

위 두 예제에서는 $AA^{\mathsf{T}}$의 고유벡터를 가지고 좌표를 구했는데, 이와 다르게 $A^{\mathsf{T}}A$의 고유벡터를 먼저 구한 뒤, 좌표를 구하는 법에 대해 알아보자.

**예 제** **8.5** 예제 8.1에 주어진 $A$에 대하여 행렬 $\Omega' = A^{\mathsf{T}}A$의 고유벡터를 구하고, 이를 사용하여 $AA^{\mathsf{T}}$의 크기가 1인 고유벡터를 구한 뒤, 이 고유벡터들을 기저로 하여 세 점 $\mathbf{x}_1 = (1, 1), \mathbf{x}_2 = (0, 0), \mathbf{x}_3 = (-1, -1)$의 좌표를 구하여라.

【풀이】(1) 행렬 $\Omega'$을 계산하면

$$\Omega' = A^{\mathsf{T}}A = \begin{pmatrix} 1 & 1 \\ 0 & 0 \\ -1 & -1 \end{pmatrix} \begin{pmatrix} 1 & 0 & -1 \\ 1 & 0 & -1 \end{pmatrix} = \begin{pmatrix} 2 & 0 & -2 \\ 0 & 0 & 0 \\ -2 & 0 & 2 \end{pmatrix}$$

이고, 이 행렬의 고유값을 구하면 $\lambda = 0, 4$이다.

(2) $\lambda = 4$에 대한 고유벡터는 $\Omega'\mathbf{x} = 4\mathbf{x}$로부터 임의의 실수 $a$에 대해서 $a(1, 0, -1)^{\mathsf{T}}$이다. 이제 고유벡터 $\mathbf{u}_1 = (1, 0, -1)$로 택하자.

$\lambda = 0$에 대한 고유벡터는 $\Omega'\mathbf{x} = 0\mathbf{x}$로부터 임의의 실수 $a$에 대해서 $a(1, 0, 1)^{\mathsf{T}}$이다. 이제 고유벡터 $\mathbf{u}_2 = (1, 0, 1)$로 택하자.

(3) 이제 $A$의 오른쪽에 $\Omega' = A^{\mathsf{T}}A$의 고유벡터를 곱하면 $AA^{\mathsf{T}}$의 고유벡터가 얻어진다. (정리 7.20)

$$\mathbf{v}_1 = A\mathbf{u}_1 = \begin{pmatrix} 1 & 0 & -1 \\ 1 & 0 & -1 \end{pmatrix} \begin{pmatrix} 1 \\ 0 \\ -1 \end{pmatrix} = \begin{pmatrix} 2 \\ 2 \end{pmatrix}$$

$$\mathbf{v}_2 = A\mathbf{u}_2 = \begin{pmatrix} 1 & 0 & -1 \\ 1 & 0 & -1 \end{pmatrix} \begin{pmatrix} 1 \\ 0 \\ 1 \end{pmatrix} = \begin{pmatrix} 0 \\ 0 \end{pmatrix}$$

(4) 크기가 1인 $AA^{\mathsf{T}}$의 고유벡터들 $\dfrac{\mathbf{v}_1}{||\mathbf{v}_1||}, \dfrac{\mathbf{v}_2}{||\mathbf{v}_2||}$를 열벡터로 배열한 행렬 $V$와 전치행렬 $V^{\mathsf{T}}$을 구하면

$$V = \begin{pmatrix} \frac{\sqrt{2}}{2} & 0 \\ \frac{\sqrt{2}}{2} & 0 \end{pmatrix}, \quad V^{\mathsf{T}} = \begin{pmatrix} \frac{\sqrt{2}}{2} & \frac{\sqrt{2}}{2} \\ 0 & 0 \end{pmatrix}$$

이다.

(5) 이제 전치행렬 $V^{\mathsf{T}}$의 오른쪽에 주어진 벡터 $\mathbf{x}_i$를 곱하면 고유벡터들을 기저로 하는 $\mathbf{x}_i$의 좌표를 구할 수 있다.

$$V^{\mathsf{T}}\mathbf{x}_1 = \begin{pmatrix} \frac{\sqrt{2}}{2} & \frac{\sqrt{2}}{2} \\ 0 & 0 \end{pmatrix} \begin{pmatrix} 1 \\ 1 \end{pmatrix} = \begin{pmatrix} \sqrt{2} \\ 0 \end{pmatrix},$$

$$V^{\mathsf{T}}\mathbf{x}_2 = \begin{pmatrix} \frac{\sqrt{2}}{2} & \frac{\sqrt{2}}{2} \\ 0 & 0 \end{pmatrix} \begin{pmatrix} 0 \\ 0 \end{pmatrix} = \begin{pmatrix} 0 \\ 0 \end{pmatrix},$$

$$V^{\mathsf{T}}\mathbf{x}_3 = \begin{pmatrix} \frac{\sqrt{2}}{2} & \frac{\sqrt{2}}{2} \\ 0 & 0 \end{pmatrix} \begin{pmatrix} -1 \\ -1 \end{pmatrix} = \begin{pmatrix} -\sqrt{2} \\ 0 \end{pmatrix}.$$

(6) 따라서, 고유벡터를 기저로 하는 세 점 $\mathbf{x}_1 = (1,1), \mathbf{x}_2 = (0,0), \mathbf{x}_3 = (-1,-1)$의 좌표는 각각

$$\left(\sqrt{2}, 0\right), \quad (0,0), \quad \left(-\sqrt{2}, 0\right)$$

로서 예제 8.1과 같은 결과를 얻는다. □

## 8.2 영상인식 이론

이제 영상인식 이론을 설명하기 위해 극히 단순화한 예를 살펴보자.

$8 \times 8$ 화소(pixel)로 된 증명사진 2000개를 인식하고자 한다. 이 사진들은 조명, 표정, 안경 등 서로 다른 조건의 정면 영상의 얼굴 사진을 개인당 20개씩 100명분을 수집한 것이다. 보통의 경우 1000개는 학습 데이터로 사용하고 나머지 1000개는 성능 테스트에 사용한다.

**1.** 데이터의 평균값 $\mathbf{m}$을 구한다.

각 사진을 $8 \times 8$ 행렬로 볼 수도 있지만 모든 성분을 한 줄로 늘어놓아서 64개 성분을 갖는, 즉, 64차원의 열벡터로 취급할 수 있다(예 1.11 참조). 여기서는 64차원의 열벡터로 생각하자. 이제 학습용 사진 데이터를

$$\mathbf{x}^1, \mathbf{x}^2, \ldots, \mathbf{x}^{1000}$$

이라 하자.[1] 64차 차원의 1000개의 열벡터에 대해 평균값 $\mathbf{m}$을 구한다.

**2.** 각 사진 데이터의 $\mathbf{m}$에 대한 편차를 구한다.

$\mathbf{m}$이 원점이 되도록 각 데이터를 수정하는 전처리 작업이다. 왜냐하면 데이터들이 원점에서 멀리 떨어져 군집을 형성하면 데이터들의 특성을 파악하기가 어렵기 때문에 모든 데이터를 평균인 $\mathbf{m}$을 중심으로 해서 분포하도록 이동시켜 특징을 파악하고자 함이다.

$$\bar{\mathbf{x}}^1 = \mathbf{x}^1 - \mathbf{m}, \quad \bar{\mathbf{x}}^2 = \mathbf{x}^2 - \mathbf{m}, \quad \ldots, \quad \bar{\mathbf{x}}^{1000} = \mathbf{x}^{1000} - \mathbf{m}$$

---

[1] 이 절 이하에서는 공학분야의 표기에 따라 열벡터라는 것을 강조하기 위해 $\mathbf{x}^1, \mathbf{x}^2$와 같이 위 첨자로 표시했다.

**3.** 전처리한 사진 데이터의 열벡터들을 배열하여 행렬 $A$를 구한다.

$$A = \left(\bar{\mathbf{x}}^1, \bar{\mathbf{x}}^2, \ldots, \bar{\mathbf{x}}^{1000}\right)$$

$A$는 64차원의 열벡터 1000개이므로 $64 \times 1000$ 행렬이 된다.

**4.** 공분산행렬(covariance matrix) $\Omega = AA^\intercal$을 구한다.

공분산행렬을 계산하면 $64 \times 64$ 행렬로서 항상 대칭행렬이 된다. 학습 데이터의 입력 순서가 달라져도 공분산행렬은 불변이다. 공분산행렬을 구하는 이유는 학습 데이터의 중요한 특성을 대부분 포함하고 있으면서도 학습 데이터 $64 \times 1000$에 비해 축소되어 계산의 효율성이 높아지기 때문이다.

처음에 사진의 화소가 30000개일 경우 $\Omega = AA^\intercal$를 구하면 $30000 \times 30000$ 행렬이 나오는데, 이때는 아래 2가지 성질 때문에 $1000 \times 1000$ 행렬인 $A^\intercal A$를 사용해서 차원 축소(dimensionality reduction)를 할 수 있다.

(1) $AA^\intercal$과 $A^\intercal A$에서 작은 행렬의 고유값들은 고유값이 큰 순서에 따라 큰 행렬의 고유값들과 일치한다. (참고 7.16)

(2) $A^\intercal A$의 고유벡터 $\mathbf{u}_i$를 구해서 $A$와 행렬곱을 한 $A\mathbf{u}_i = \mathbf{v}_i$가 $AA^\intercal$의 고유벡터가 된다. (정리 7.20)

이와 같은 특성은 영상인식 분야에서 학습 데이터 행렬의 차원 축소에 중요하게 활용된다.

**5.** 공분산행렬 $\Omega$의 고유값을 구한다. 최대 64개의 고유값이 얻어진다.

여기서 고유값의 크기는 변이를 나타낸다. 즉 고유값이 클수록 데이터들의 분포 변이가 크다는 것을 의미하는데, 사진 데이터의 분포에서 가장 변이가 큰 주성분 방향을 찾는 과정이다. 주성분 방향을 찾아야 데이터들의 특성 파악이 쉽기 때문이다. (참고 8.2)

예를 들어 3차원 $xyz$ 공간에서 $xy$ 평면에 눕혀져 있는 아이패드 모양의 물체는 $yz$ 평면이나 $xz$ 평면에 수직으로 사영하는 것보다 $xy$ 평면에 수직으로 사영하는 것이 물체의 특징을 제대로 나타낼 수 있다. 즉 물체의 변이를 많이 나타낼 수 있다.

**6.** 위 고유값 중 0이 아닌 고유값에 대해서 고유벡터를 구하고, 크기를 1로 정규화 한다.

대칭행렬의 고유벡터는 항상 직교하므로, 다른 고유값을 갖는 고유벡터들은 서로 직교한다. 이제 고유벡터의 크기를 1로 정규화 한다. 일종의 정규직교기저를 만드는 작업이다. (기저에 대해서는 5.4절 참조)

고유값 0에 대해서는 고유벡터를 구하지 않는다. 왜냐하면, 고유값이 0이라는 것은 데이터들의 분포 변이가 없다는 것을 의미한다. 즉, 고유값 0을 갖는 고유벡터가 이루는 축에 대해서는 모든 데이터의 변이가 0이므로 무시해도 된다.

공학에서는 실제로 64개 전체의 고유벡터를 구하지 않고, 시스템의 효율성을 고려해서 적당한 개수의 고유벡터를 선택한다. 예를 들어, 고유값이 큰 것부터 10개를 제외하고는 대부분 0에 가까운 값이라면 고유벡터를 10개만 택할 수도 있다. 그러나, 고유벡터의 개수를 너무 적게 선택할 경우 다른 인물인데도 동일한 좌표값(아래 8번 단계)이 얻어지게 되어 인식오류가 커지므로 주의한다.

**7.** 크기를 1로 정규화한 고유벡터를 고유값이 큰 벡터부터 열벡터로 배열하여 $64 \times 64$ 행렬 $V$를 구하고, 전치행렬 $V^\intercal$도 구한다.

$$V = \left(\mathbf{v}^1, \mathbf{v}^2, \ldots, \mathbf{v}^{64}\right)$$

이 경우 고유값을 대각성분으로 갖는 행렬을 $D$라 하면, 공분산행렬은

$$\Omega = V\,D\,V^\intercal$$

로 대각화 된다.

**8.** 다음 식을 사용하여 고유벡터의 일차결합으로 나타낸 사진 데이터의 좌표 $\tilde{\mathbf{x}}^i$ 들을 구한다. (예제 5.48 참조)

$$\tilde{\mathbf{x}}^i = V^\intercal \bar{\mathbf{x}}^i$$

즉, 각 고유벡터와의 행렬곱을 구해 고유벡터 기저에 대한 $\bar{\mathbf{x}}^i$ 의 사영성분을 계산한다. 이것은 행렬곱을 벡터 단위로 계산하는 것이다. 예를 들어,

$$\mathbf{e}_1 \begin{pmatrix} 2 \\ 4 \\ 3 \end{pmatrix} = \begin{pmatrix} 1 & 0 & 0 \end{pmatrix} \begin{pmatrix} 2 \\ 4 \\ 3 \end{pmatrix} = 2,$$

$$\mathbf{e}_2 \begin{pmatrix} 2 \\ 4 \\ 3 \end{pmatrix} = \begin{pmatrix} 0 & 1 & 0 \end{pmatrix} \begin{pmatrix} 2 \\ 4 \\ 3 \end{pmatrix} = 4,$$

$$\mathbf{e}_3 \begin{pmatrix} 2 \\ 4 \\ 3 \end{pmatrix} = \begin{pmatrix} 0 & 0 & 1 \end{pmatrix} \begin{pmatrix} 2 \\ 4 \\ 3 \end{pmatrix} = 3$$

와 같이 $V^\intercal$ 에 사진 데이터의 벡터를 곱해 주면 좌표가 나온다. 직관적으로 설명하면, 각각의 사진을 고유벡터(특별히 선택된 얼굴의 특성)의 사진들의 일차결합으로 나타내는 것이다. (그림 8.1)

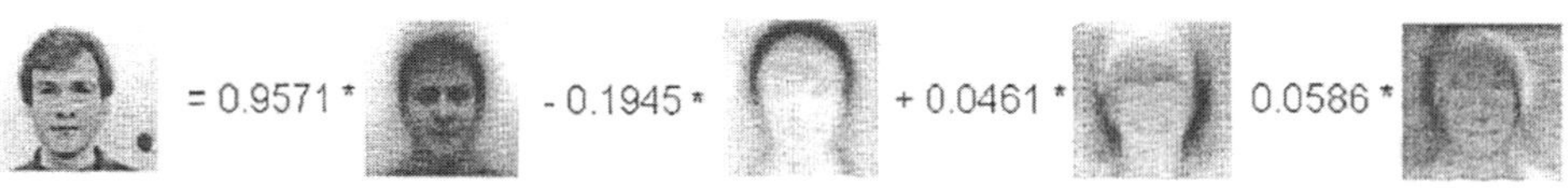


그림 8.1: 얼굴사진들의 일차결합, A. Pentland 논문 자료

**9.** 라벨링과 같은 적당한 방법을 써서 좌표들을 분류하여 동일인의 사진을

10개씩 구분한다.

**10.** 이제 성능 테스트용 사진 데이터에 대해 편차 $\bar{\mathbf{y}}^i = \mathbf{y}^i - \mathbf{m}$을 구한다.

위 2번과 같이 사진 데이터를 $\mathbf{m}$이 원점이 되도록 전처리하는 작업이다.

**11.** 위 8번 과정과 같이 테스트용 사진의 좌표 $\tilde{\mathbf{y}}^i$들을 구한다.

$$\tilde{\mathbf{y}}^i = V^\intercal \bar{\mathbf{y}}^i$$

테스트용 사진을 고유벡터의 일차결합으로 나타내는 과정으로 사진마다 좌표가 하나씩 대응된다.

**12.** $\tilde{\mathbf{y}}^i$와 가장 가까운 거리의 $\tilde{\mathbf{x}}^{i_0}$를 선택하여 인식값으로 결정한다. $\tilde{\mathbf{y}}^i$ 사진을 $\tilde{\mathbf{x}}^{i_0}$의 인물이라고 판정한다. 따라서 원본 사진 $\mathbf{y}^i$를 원본 사진 $\mathbf{x}^{i_0}$의 인물이라고 판정한다.

**참 고** **8.6** 위와 같은 영상인식 기법을 주성분 분석(principal component analysis)이라 하는데, 1991년 A. Pentland에 의해 얼굴인식에 처음으로 제안되어 영상인식이나 음성인식 등의 신경망 학습 분야에 많이 사용되고 있다. 주성분 분석은 사진 이미지와 같은 고차원 데이터에서 패턴을 찾는 도구 중 하나인데, 고차원 데이터의 중요한 성분을 골라준다. 이를 통해 신경망 학습의 성능을 향상시킬 수 있다.

영상인식 기법은 미국의 수퍼볼 등 대형 운동 경기에서 테러를 대비하기 위한 예방 시스템에 활용되기도 한다. 수퍼볼 경기시 경기장 입구에서 cctv를 사용해서 입장객 사진을 찍고 FBI가 확보하고 있는 테러 범죄 전과자 사진과 비교한다. 이제 테러 의심자 5위까지 선택해서 감시하는 것이다.

위에서 얻은 $V$ 행렬이 어떤 행렬인가에 따라 영상인식률이 달라진다. 한국인을 대상으로 영상인식 프로그램을 제작할 때는 한국인의 사진으로 만든 $V$ 행렬이 더 효과적이다.

## 8.3 영상인식 행렬 계산

앞에서 설명한 이론을 직접 계산해 보기 위해 간단한 경우를 예제로 풀어보자. 풀이에서 항 번호는 8.2절 이론 부분의 항 번호에 해당하는 계산이다.

**예 제 8.7** 3개의 화소로 구성되어 있고 누구인지 알려진 3명의 인물 사진의 열벡터 $\mathbf{x}_1, \mathbf{x}_2, \mathbf{x}_3$가 아래와 같다고 하자. 이제 새로운 인물 사진 $\mathbf{y}^1$이 아래와 같이 주어졌을 때, 사진의 인물이 누구인지 판정하여라.

$$\mathbf{x}^1 = \begin{pmatrix} 92 \\ 94 \\ 90 \end{pmatrix}, \mathbf{x}^2 = \begin{pmatrix} 91 \\ 90 \\ 92 \end{pmatrix}, \mathbf{x}^3 = \begin{pmatrix} 93 \\ 92 \\ 94 \end{pmatrix}, \qquad \mathbf{y}^1 = \begin{pmatrix} 92 \\ 93 \\ 91 \end{pmatrix}$$

【풀이】

**1.** 학습영상 $\mathbf{x}^1, \mathbf{x}^2, \mathbf{x}^3$의 평균을 구하면 $\mathbf{m} = \begin{pmatrix} 92 \\ 92 \\ 92 \end{pmatrix}$이다.

**2.** 각 사진 데이터에서 평균 $\mathbf{m}$을 빼어 전처리한 좌표 $\bar{\mathbf{x}}$들을 구한다.

$$\bar{\mathbf{x}}^1 = \begin{pmatrix} 0 \\ 2 \\ -2 \end{pmatrix}, \bar{\mathbf{x}}^2 = \begin{pmatrix} -1 \\ -2 \\ 0 \end{pmatrix}, \bar{\mathbf{x}}^3 = \begin{pmatrix} 1 \\ 0 \\ 2 \end{pmatrix}$$

**3.** 전처리한 사진 데이터 각각을 열로 배열하여 행렬로 나타낸다.

$$A = \begin{pmatrix} 0 & -1 & 1 \\ 2 & -2 & 0 \\ -2 & 0 & 2 \end{pmatrix}$$

**4.** 공분산행렬을 구한다.

$$\Omega = AA^{\mathsf{T}} = \begin{pmatrix} 0 & -1 & 1 \\ 2 & -2 & 0 \\ -2 & 0 & 2 \end{pmatrix} \begin{pmatrix} 0 & 2 & -2 \\ -1 & -2 & 0 \\ 1 & 0 & 2 \end{pmatrix} = \begin{pmatrix} 2 & 2 & 2 \\ 2 & 8 & -4 \\ 2 & -4 & 8 \end{pmatrix}$$

**5.** 공분산행렬의 고유값을 구한다.

고유방정식을 구하면

$$|\Omega - \lambda I| = -\lambda(\lambda - 6)(\lambda - 12) = 0$$

이므로 $\lambda = 0, 6, 12$ 이다.

**6.** 0이 아닌 고유값에 대한 고유벡터들을 구하고, 크기가 1이 되도록 정규화 한다.

$\lambda = 12$ 일 경우

$$\begin{pmatrix} 0 & -1 & 1 \\ 2 & -2 & 0 \\ -2 & 0 & 2 \end{pmatrix} \begin{pmatrix} x \\ y \\ z \end{pmatrix} = 12 \begin{pmatrix} x \\ y \\ z \end{pmatrix}, \quad \mathbf{v}_1 = \begin{pmatrix} x \\ y \\ z \end{pmatrix} = \begin{pmatrix} 0 \\ -1 \\ 1 \end{pmatrix}.$$

$\lambda = 6$ 일 경우

$$\begin{pmatrix} 0 & -1 & 1 \\ 2 & -2 & 0 \\ -2 & 0 & 2 \end{pmatrix} \begin{pmatrix} x \\ y \\ z \end{pmatrix} = 6 \begin{pmatrix} x \\ y \\ z \end{pmatrix}, \quad \mathbf{v}_2 = \begin{pmatrix} x \\ y \\ z \end{pmatrix} = \begin{pmatrix} 1 \\ 1 \\ 1 \end{pmatrix}.$$

그리고 크기가 1이 되도록 정규화하면 다음과 같다.

$$\frac{\mathbf{v}_1}{||\mathbf{v}_1||} = \begin{pmatrix} 0 \\ -\frac{\sqrt{2}}{2} \\ \frac{\sqrt{2}}{2} \end{pmatrix}, \quad \frac{\mathbf{v}_2}{||\mathbf{v}_2||} = \begin{pmatrix} \frac{\sqrt{3}}{3} \\ \frac{\sqrt{3}}{3} \\ \frac{\sqrt{3}}{3} \end{pmatrix}.$$

**7.** 고유값이 큰 고유벡터부터 열벡터로 배열한 행렬 $V$와 전치행렬 $V^{\mathsf{T}}$를 구한다.

$$V = \begin{pmatrix} 0 & \frac{\sqrt{3}}{3} \\ -\frac{\sqrt{2}}{2} & \frac{\sqrt{3}}{3} \\ \frac{\sqrt{2}}{2} & \frac{\sqrt{3}}{3} \end{pmatrix}, \quad V^{\mathsf{T}} = \begin{pmatrix} 0 & -\frac{\sqrt{2}}{2} & \frac{\sqrt{2}}{2} \\ \frac{\sqrt{3}}{3} & \frac{\sqrt{3}}{3} & \frac{\sqrt{3}}{3} \end{pmatrix}.$$

**8.** 고유벡터 공간으로 사영하기 위해 행렬 $V^{\mathsf{T}}$와 각 벡터들을 곱해서 성분을 계산한다. 사진 데이터를 고유벡터의 일차결합으로 나타냈을 때의 좌표 $\tilde{\mathbf{x}}$들을 구하는 작업이다.

$$\tilde{\mathbf{x}}^1 = V^{\mathsf{T}}\bar{\mathbf{x}}^1 = \begin{pmatrix} 0 & -\frac{\sqrt{2}}{2} & \frac{\sqrt{2}}{2} \\ \frac{\sqrt{3}}{3} & \frac{\sqrt{3}}{3} & \frac{\sqrt{3}}{3} \end{pmatrix} \begin{pmatrix} 0 \\ 2 \\ -2 \end{pmatrix} = \begin{pmatrix} -2\sqrt{2} \\ 0 \end{pmatrix},$$

$$\tilde{\mathbf{x}}^2 = V^{\mathsf{T}}\bar{\mathbf{x}}^2 = \begin{pmatrix} 0 & -\frac{\sqrt{2}}{2} & \frac{\sqrt{2}}{2} \\ \frac{\sqrt{3}}{3} & \frac{\sqrt{3}}{3} & \frac{\sqrt{3}}{3} \end{pmatrix} \begin{pmatrix} -1 \\ -2 \\ 0 \end{pmatrix} = \begin{pmatrix} \sqrt{2} \\ -\sqrt{3} \end{pmatrix},$$

$$\tilde{\mathbf{x}}^3 = V^{\mathsf{T}}\bar{\mathbf{x}}^3 = \begin{pmatrix} 0 & -\frac{\sqrt{2}}{2} & \frac{\sqrt{2}}{2} \\ \frac{\sqrt{3}}{3} & \frac{\sqrt{3}}{3} & \frac{\sqrt{3}}{3} \end{pmatrix} \begin{pmatrix} 1 \\ 0 \\ 2 \end{pmatrix} = \begin{pmatrix} \sqrt{2} \\ \sqrt{3} \end{pmatrix}.$$

**9.** 여기서는 한 개씩뿐이므로 분류 과정이 필요 없다.

**10.** 이제 새로운 사진 $\mathbf{y}^1 = \begin{pmatrix} 92 \\ 93 \\ 91 \end{pmatrix}$ 이 주어질 경우, 2번과 마찬가지로 평균 $\mathbf{m}$을 원점으로 잡고 이동시킨다.

$$\bar{\mathbf{y}}^1 = \mathbf{y}^1 - \mathbf{m} = \begin{pmatrix} 92 \\ 93 \\ 91 \end{pmatrix} - \begin{pmatrix} 92 \\ 92 \\ 92 \end{pmatrix} = \begin{pmatrix} 0 \\ 1 \\ -1 \end{pmatrix}$$

**11.** 위 8번과 같이 새로운 사진 데이터 $\bar{\mathbf{y}}^1$를 고유벡터의 일차결합으로 나타낸 좌표 $\tilde{\mathbf{y}}^1$를 구한다.

$$\tilde{\mathbf{y}}^1 = V^\intercal \bar{\mathbf{y}}^1 = \begin{pmatrix} 0 & -\frac{\sqrt{2}}{2} & \frac{\sqrt{2}}{2} \\ \frac{\sqrt{3}}{3} & \frac{\sqrt{3}}{3} & \frac{\sqrt{3}}{3} \end{pmatrix} \begin{pmatrix} 0 \\ 1 \\ -1 \end{pmatrix} = \begin{pmatrix} -\sqrt{2} \\ 0 \end{pmatrix}.$$

**12.** 벡터 $\tilde{\mathbf{x}}^1, \tilde{\mathbf{x}}^2, \tilde{\mathbf{x}}^3$ 와의 거리 $||\tilde{\mathbf{x}}^i - \tilde{\mathbf{y}}^1||$을 계산하면 각각 $\sqrt{2}, \sqrt{11}, \sqrt{11}$ 이므로, $\tilde{\mathbf{y}}^1$과 가장 가까운 벡터는 $\tilde{\mathbf{x}}^1$ 이다. 따라서, 사진 $\mathbf{y}^1$에 나온 인물을 $\mathbf{x}^1$ 으로 판정한다.

□

**예 제 8.8** 위 예제와 같은 상황에서 인물 사진 $\mathbf{y}^2$가 아래와 같이 주어졌을 때, 사진의 인물이 누구인지 판정하여라.

$$\mathbf{y}^2 = \begin{pmatrix} 94 \\ 93 \\ 92 \end{pmatrix}$$

【풀이】 9번까지의 과정은 위 예제와 같으므로 생략한다.

**10.** 이제 새로운 사진 $\mathbf{y}^2 = \begin{pmatrix} 94 \\ 93 \\ 92 \end{pmatrix}$ 이 주어질 경우, 평균 $\mathbf{m}$을 원점으로 잡고 이동시킨다.

$$\bar{\mathbf{y}}^2 = \mathbf{y}^2 - \mathbf{m} = \begin{pmatrix} 94 \\ 93 \\ 92 \end{pmatrix} - \begin{pmatrix} 92 \\ 92 \\ 92 \end{pmatrix} = \begin{pmatrix} 2 \\ 1 \\ 0 \end{pmatrix}$$

**11.** 새로운 사진 데이터 $\bar{\mathbf{y}}^2$를 고유벡터의 일차결합으로 나타낸 좌표 $\tilde{\mathbf{y}}^2$를 구한다.

$$\tilde{\mathbf{y}}^2 = V^\intercal \bar{\mathbf{y}}^2 = \begin{pmatrix} 0 & -\frac{\sqrt{2}}{2} & \frac{\sqrt{2}}{2} \\ \frac{\sqrt{3}}{3} & \frac{\sqrt{3}}{3} & \frac{\sqrt{3}}{3} \end{pmatrix} \begin{pmatrix} 2 \\ 1 \\ 0 \end{pmatrix} = \begin{pmatrix} -\frac{\sqrt{2}}{2} \\ \sqrt{3} \end{pmatrix}.$$

**12.** 벡터 $\tilde{\mathbf{x}}^1, \tilde{\mathbf{x}}^2, \tilde{\mathbf{x}}^3$ 와의 거리 $||\tilde{\mathbf{x}}^i - \tilde{\mathbf{y}}^2||$을 계산하면 각각

$$\sqrt{\frac{15}{2}}, \sqrt{\frac{33}{2}}, \sqrt{\frac{9}{2}}$$

이므로, $\tilde{\mathbf{y}}^2$과 가장 가까운 벡터는 $\tilde{\mathbf{x}}^3$ 이다. 따라서, 사진 $\mathbf{y}^2$에 나온 인물을 $\mathbf{x}^3$ 으로 판정한다.

□

# 연습문제 해답

## 해답 연습문제 1 해답

**1.** $A+B=\begin{pmatrix}5 & -4\\ 4 & 6\end{pmatrix}$ $3A=\begin{pmatrix}9 & -3\\ 9 & 12\end{pmatrix}$

$B^2=\begin{pmatrix}1 & -12\\ 4 & 1\end{pmatrix}$ $B^3=\begin{pmatrix}-10 & -27\\ 9 & -10\end{pmatrix}$

**2.** (1) $\begin{pmatrix}2 & 3 & 4\\ 3 & 4 & 5\end{pmatrix}$ (2) $\begin{pmatrix}1 & -1 & 1\\ -1 & 1 & -1\\ 1 & -1 & 1\end{pmatrix}$

(3) $\begin{pmatrix}1 & 1\\ 2^3 & 2^4\\ 3^4 & 3^5\end{pmatrix}$ (4) $\begin{pmatrix}3 & 0 & 0\\ 0 & 5 & 0\\ 0 & 0 & 7\end{pmatrix}$

**3.** (1) $(AB)C=A(BC)=\begin{pmatrix}15 & 12\\ 3 & 6\end{pmatrix}$

(2) $(AB)C=A(BC)=\begin{pmatrix}5 & 17\\ -4 & -8\end{pmatrix}$

**4.** $A=\begin{pmatrix}0 & 0\\ 1 & 0\end{pmatrix}$

**5.** $AB=\begin{pmatrix}x+z\\ 2x+y-z\\ x+2y+5z\end{pmatrix}$, $x=\frac{7}{10},\ y=-\frac{11}{10},\ z=\frac{3}{10}$

**6.** $A^n=\begin{pmatrix}a^n & 2na^{n-1}\\ 0 & a^n\end{pmatrix}$, $B^n=\begin{pmatrix}a^n & na^{n-1} & \frac{n(n-1)}{2}a^{n-2}\\ 0 & a^n & na^{n-1}\\ 0 & 0 & a^n\end{pmatrix}$

**7.** $A+A=\begin{pmatrix} 2\cos\theta & -2\sin\theta \\ 2\sin\theta & 2\cos\theta \end{pmatrix}$ $\quad 5A=\begin{pmatrix} 5\cos\theta & -5\sin\theta \\ 5\sin\theta & 5\cos\theta \end{pmatrix}$

$\frac{1}{3}A=\begin{pmatrix} \frac{1}{3}\cos\theta & -\frac{1}{3}\sin\theta \\ \frac{1}{3}\sin\theta & \frac{1}{3}\cos\theta \end{pmatrix}$ $\quad A^n=\begin{pmatrix} \cos n\theta & -\sin n\theta \\ \sin n\theta & \cos n\theta \end{pmatrix}$

**8.** $(A+B)(A-B)=\begin{pmatrix} -7 & 2 \\ 2 & -7 \end{pmatrix}$, $A^2-B^2=\begin{pmatrix} -8 & 0 \\ 1 & -6 \end{pmatrix}$ 이므로

$(A+B)(A-B)\neq A^2-B^2$ 이다.

**9.** $A=\begin{pmatrix} 1 & 3 \\ -2 & 0 \end{pmatrix}$, $\quad B=\begin{pmatrix} 2 & 1 \\ -1 & 1 \end{pmatrix}$

**10.** $A=\begin{pmatrix} 1 & 1 \\ 3 & 3 \end{pmatrix}$, $B=\begin{pmatrix} 4 & 2 \\ 3 & 16 \end{pmatrix}$, $C=\begin{pmatrix} 2 & 7 \\ 5 & 11 \end{pmatrix}$ 일 때

$$AB=\begin{pmatrix} 7 & 18 \\ 21 & 54 \end{pmatrix}=AC$$

이지만 $B\neq C$ 이다.

**11.** $(5A)^\intercal=\begin{pmatrix} 5\cos\theta & 5\sin\theta \\ -5\sin\theta & 5\cos\theta \end{pmatrix}$, $\quad (\frac{1}{3}A)^\intercal=\begin{pmatrix} \frac{1}{3}\cos\theta & \frac{1}{3}\sin\theta \\ -\frac{1}{3}\sin\theta & \frac{1}{3}\cos\theta \end{pmatrix}$,

$(A^n)^\intercal=\begin{pmatrix} \cos n\theta & \sin n\theta \\ -\sin n\theta & \cos n\theta \end{pmatrix}$

**12.** $A=\begin{pmatrix} 1 & 1 \\ -1 & 1 \end{pmatrix}$, $B=\begin{pmatrix} -1 & 1 \\ 1 & 1 \end{pmatrix}$ 이라 하면, 둘 다 가역행렬이고

$AB=\begin{pmatrix} 0 & 2 \\ 2 & 0 \end{pmatrix}\neq\begin{pmatrix} -2 & 0 \\ 0 & 2 \end{pmatrix}=BA$

**13.** 생략

**14.** 대응하는 성분을 직접 구해서 비교해 보면 일치함을 알 수 있다.

**15.** 곱행렬 $A^{\intercal}A$의 $ij$ 성분을 직접 구해서 비교하면 $AA^{\intercal}$의 $ij$ 성분과 일치하고, 따라서 주어진 조건에 의해 항등행렬이 됨을 알 수 있다.

**16.** (1) $\begin{pmatrix} 1 & \frac{1}{2} & 2 \\ \frac{1}{2} & 0 & 3 \\ 2 & 3 & 6 \end{pmatrix} + \begin{pmatrix} 0 & \frac{3}{2} & -2 \\ \frac{3}{2} & 0 & -2 \\ 2 & 2 & 0 \end{pmatrix}$ (2) $\begin{pmatrix} 1 & 1 & 1 \\ 1 & 1 & \frac{3}{2} \\ 1 & \frac{3}{2} & 4 \end{pmatrix} + \begin{pmatrix} 0 & 1 & 2 \\ -1 & 0 & -\frac{1}{2} \\ -2 & \frac{1}{2} & 0 \end{pmatrix}$

(3) $\begin{pmatrix} 2 & \frac{3}{2} & 2 \\ \frac{3}{2} & 5 & \frac{7}{2} \\ 2 & \frac{7}{2} & 1 \end{pmatrix} + \begin{pmatrix} 0 & \frac{3}{2} & 2 \\ -\frac{3}{2} & 0 & \frac{5}{2} \\ -2 & -\frac{5}{2} & 0 \end{pmatrix}$

**17.** (1) $\begin{pmatrix} 2 & -1 \\ -\frac{5}{2} & \frac{3}{2} \end{pmatrix}$

(2) 역행렬이 존재하지 않는다.

(3) $\begin{pmatrix} \cos\theta & \sin\theta \\ -\sin\theta & \cos\theta \end{pmatrix}$

**18.** $\begin{pmatrix} -1 & 0 \\ 0 & 1 \end{pmatrix}, \begin{pmatrix} 1 & 0 \\ 0 & -1 \end{pmatrix}, \begin{pmatrix} 1 & 1 \\ 0 & -1 \end{pmatrix} \cdots$

**19.** $\begin{pmatrix} 0 & 0 \\ 0 & 0 \end{pmatrix}, \begin{pmatrix} \frac{1}{2} & \frac{1}{2} \\ \frac{1}{2} & \frac{1}{2} \end{pmatrix}, \begin{pmatrix} \frac{1}{2} & -\frac{1}{2} \\ -\frac{1}{2} & \frac{1}{2} \end{pmatrix}, \cdots$

힌트: $a \neq 0$일 때 예를 들어 $A = \begin{pmatrix} a & a \\ a & a \end{pmatrix}$ 형태의 행렬을 생각하면 $A^2 = A$로 부터 $2a^2 = a$이므로 $a = \frac{1}{2}$이다. 기타 여러 가지 형태의 행렬에 대해 계산할 수 있다. 실제로 다음 장에서 다루는 정리 2.19에 의하면 $A^2 = A$에서부터 $|A|^2 = |A|$이므로 $|A| = 1, 0$이다. $|A| = 1$

이면 $A = A^2A^{-1} = AA^{-1} = I$ 이다. 따라서 $|A| = 0$ 인 $2 \times 2$ 행렬에 대해서만 조사하면 된다.

**20.** (1) 행렬 $A = (a_{ij}) \in M_{m\times n}$, $B = (b_{ij}) \in M_{n\times r}$, $C = (c_{ij}) \in M_{r\times s}$ 라 하자. 행렬 $AB$ 의 $ik-$ 성분은 $\sum_{j=1}^{n} a_{ij}b_{jk}$. 행렬$(AB)C$ 의 $il-$ 성분은

$$\sum_{k=1}^{r}\left(\left(\sum_{j=1}^{n} a_{ij}b_{jk}\right)c_{kl}\right) = \sum_{k=1}^{r}\sum_{j=1}^{n}(a_{ij}b_{jk})c_{kl} = \sum_{k=1}^{r}\sum_{j=1}^{n} a_{ij}b_{jk}c_{kl}.$$

그런데 행렬 $BC$ 의 $jl-$ 성분은 $\sum_{k=1}^{r} b_{jk}c_{kl}$ 이다. 따라서 행렬 $A(BC)$ 의 $il-$ 성분은

$$\sum_{j=1}^{n}\left(a_{ij}\left(\sum_{k=1}^{r} b_{jk}c_{kl}\right)\right) = \sum_{j=1}^{n}\sum_{k=1}^{r} a_{ij}(b_{jk}c_{kl}) = \sum_{k=1}^{r}\sum_{j=1}^{n} a_{ij}b_{jk}c_{kl}$$

으로 $(AB)C$ 와 $A(BC)$ 의 $il-$ 성분이 같으므로 $(AB)C = A(BC)$ 이다. 나머지 증명은 (1)과 유사한 방법으로 증명할 수 있으므로 생략한다.

**21.** (1), (2), (3)은 명백하므로 (4)만 증명하자.
$A = (a_{ij})$, $B = (b_{ij})$, $AB = (c_{ij})$ 라 놓으면 $AB$ 의 $ik-$ 성분이 $c_{ik} = \sum_{j=1}^{n} a_{ij}b_{jk}$ 이므로 $(AB)^{\intercal}$ 의 $ki-$ 성분은 $c_{ik} = \sum_{j=1}^{n} a_{ij}b_{jk}$ 이다. $A^{\intercal}$ 의 $ji-$ 성분은 $a_{ij}$ 이고, $B^{\intercal}$ 의 $kj-$ 성분은 $b_{jk}$ 이다. $B^{\intercal}A^{\intercal}$ 의 $ki-$ 성분은 $\sum_{j=1}^{n} b_{jk}a_{ij} = \sum_{j=1}^{n} a_{ij}b_{jk}$ 이므로 $(AB)^{\intercal}$ 의 $ki-$ 성분과 $B^{\intercal}A^{\intercal}$ 의 $ki-$ 성분과 같다. 따라서 $(AB)^{\intercal} = B^{\intercal}A^{\intercal}$.

**22.** 생략.

## 해답 연습문제 2 해답

**1.** (1) $\begin{pmatrix}1 & 2 & 3 & 4\\ 3 & 4 & 2 & 1\end{pmatrix}=(1\ 3\ 2\ 4)$ (2) $\begin{pmatrix}1 & 2 & 3 & 4\\ 2 & 3 & 4 & 1\end{pmatrix}=(1\ 2\ 3\ 4)$

(3) $\begin{pmatrix}1 & 2 & 3 & 4 & 5\\ 3 & 2 & 5 & 1 & 4\end{pmatrix}=(1\ 3\ 5\ 4)$ (4) $\begin{pmatrix}1 & 2 & 3 & 4 & 5\\ 5 & 4 & 3 & 1 & 2\end{pmatrix}=(1\ 5\ 2\ 4)$

**2.** (1) $(1\ 2\ 3\ 4\ 5) = (1\ 5)(1\ 4)(1\ 3)(1\ 2)$, $\operatorname{sgn}((1\ 2\ 3\ 4\ 5)) = +1$

(2) $(1\ 4\ 5)(2\ 3) = (1\ 5)(1\ 4)(2\ 3)$, $\operatorname{sgn}((1\ 4\ 5)(2\ 3)) = -1$

**3.** (1) $44$ (2) $-66$

(3) $(a-b)(b-c)(c-a)(a+b+c)$

(4) $4a^2b^2c^2$

**4.** (1) $(-1+x)(x-y)(-1+xy)$ (2) $(a+b+c)(a^2+b^2+c^2)$

(3) $2(a+b)(a+c)(b+c)$ (4) $2abc(a+b+c)^3$

**5.** (1) $3^n 5$ (2) $\dfrac{2^n}{5}$

(3) $\dfrac{5}{2^n}$ (4) $5^3$

**6.** (1) 2, 3 (2) $\pm 2$, $-5$

(3) 1, 2 (4) $\dfrac{n}{2}\pi$ $(n = 0, 1, 2, \dots)$

**7.** $A$의 $i$ 행이 모두 0 이라 하자. 행렬 $B$ 를 $i$ 행이 모두 1 이고 나머지 행의 성분이 $A$와 같은 행렬이라 하면,

$$(0 \quad 0 \quad \cdots \quad 0) = (0\cdot 1 \quad 0\cdot 1 \quad \cdots \quad 0\cdot 1)$$

로 생각할 수 있으므로 행렬식의 성질에 의해서 $\det A = 0 \cdot \det B = 0$ 이 된다.

**8.** 행렬식의 성질에 의해 같은 행 중 어느 하나를 $-1$ 배하여 다른 행에 더해주면 그 행이 전부 0 이 되므로 행렬식의 값은 $|A| = 0$ 이다.

**9.** $n$ 차 정사각행렬에 스칼라 $\alpha$ 를 곱하면 $n$ 개의 각 행에 $\alpha$ 배 한 것이 되고, 따라서 행렬식은 $\alpha^n|A|$ 이다.

**10.** $A\,A^\intercal = I$ 이므로 등식의 양변에 행렬식을 취하면 $1 = |I| = |A\,A^\intercal| = |A||A^\intercal| = |A|^2$ 이다. 따라서 $|A| = \pm 1$ 이다.

**11.** (1) 0 (2) 17
(3) $-(a-x)(b-x)(c-x)$ (4) $1 - a^2b$

**12.** (1) $2^8 3^3 5 = 34560$
(2) 삼각행렬로 만들면 $(-1)^{n-1}(n-1)$ 이 얻어진다.

**13.** (1) $A^{-1} = \begin{pmatrix} 1 & -1 & -1 \\ 0 & 1 & -1 \\ 0 & 0 & 1 \end{pmatrix}$ (2) $B^{-1} = \begin{pmatrix} -40 & 16 & 9 \\ 13 & -5 & -3 \\ 5 & -2 & -1 \end{pmatrix}$

(3) $C^{-1} = \begin{pmatrix} 2 & 0 & -1 \\ -1 & 2 & -1 \\ 0 & -1 & 1 \end{pmatrix}$ (4) $D^{-1} = \begin{pmatrix} \cos x & \sin x & 0 \\ -\sin x & \cos x & 0 \\ 0 & 0 & 1 \end{pmatrix}$

**14.** $AA^{-1} = I$ 이므로 각 변의 행렬식을 구하면 $1 = |I| = |A\,A^{-1}| = |A||A^{-1}|$ 이다. 따라서 $|A^{-1}| = |A|^{-1}$ 이다.

**15.** $A^2(A^{-1})^2 = AA(A^{-1})(A^{-1}) = A(AA^{-1})A^{-1} = AIA^{-1} = AA^{-1} = I$. 마찬가지로 $(A^{-1})^2A^2 = I$. 따라서 $(A^2)^{-1} = (A^{-1})^2$ 이다.

**16.** $A = (a_{ij})$, $A^\intercal = (b_{ij})$ 라 하면 $b_{ij} = a_{ji}$ 이다. $\mathrm{sgn}(\sigma) = \mathrm{sgn}(\sigma^{-1})$ 이고

$$b_{1\sigma(1)}\,b_{2\sigma(2)}\,\cdots\,b_{n\sigma(n)} = b_{\sigma^{-1}(1)1}\,b_{\sigma^{-1}(2)2}\,\cdots\,b_{\sigma^{-1}(n)n}$$

이므로

$$\begin{aligned}
|A^{\mathsf{T}}| &= \sum_{\sigma \in S_n} \operatorname{sgn}(\sigma)\, b_{1\sigma(1)}\, b_{2\sigma(2)} \cdots b_{n\sigma(n)} \\
&= \sum_{\sigma^{-1} \in S_n} \operatorname{sgn}(\sigma^{-1})\, b_{\sigma^{-1}(1)1}\, b_{\sigma^{-1}(2)2} \cdots b_{\sigma^{-1}(n)n} \\
&= \sum_{\delta \in S_n} \operatorname{sgn}(\delta)\, b_{\delta(1)1}\, b_{\delta(2)2} \cdots b_{\delta(n)n} \\
&= \sum_{\delta \in S_n} \operatorname{sgn}(\delta)\, a_{1\delta(1)}\, a_{2\delta(2)} \cdots a_{n\delta(n)} \\
&= |A|
\end{aligned}$$

이다. 따라서 $|A| = |A^{\mathsf{T}}|$ 이다.

**17.** 치환 $\sigma \in S_n$ 에 대하여 $a_{1\sigma(1)}\, a_{2\sigma(2)} \cdots a_{n\sigma(n)}$ 은 행렬 $A$ 의 요소들 중에서 열이 중복되지 않도록 각 행에서 하나씩 택하여 곱한 것이다. 따라서 행렬 $A = (a_{ij})$ 가 삼각행렬일 때, $\sigma = 1$ 이면 $a_{1\sigma(1)}\, a_{2\sigma(2)} \cdots a_{n\sigma(n)}$ 는 주대각성분의 곱으로 $a_{11}\, a_{22} \cdots a_{nn}$ 이고 $\sigma \neq 1$ 이면
$a_{1\sigma(1)}\, a_{2\sigma(2)} \cdots a_{n\sigma(n)}$ 의 $a_{i\sigma(i)}$ 중에서 적어도 하나는 0 이므로

$$a_{1\sigma(1)}\, a_{2\sigma(2)} \cdots a_{n\sigma(n)} = 0$$

이다. 따라서

$$|A| = \sum_{\sigma \in S_n} \operatorname{sgn}(\sigma)\, a_{1\sigma(1)}\, a_{2\sigma(2)} \cdots a_{n\sigma(n)} = a_{11}\, a_{22} \cdots a_{nn}$$

이다.

**18.** (1) 행렬 $A = (a_{ij})$ 의 $k$ 번째 행에 $\alpha$ 배한 행렬을 $B$ 라 하자. 즉,

$$B = \begin{pmatrix} b_{11} & b_{12} & \cdots & b_{1n} \\ \vdots & \vdots & & \vdots \\ b_{k1} & b_{k2} & \cdots & b_{kn} \\ \vdots & \vdots & & \vdots \\ b_{n1} & b_{n2} & \cdots & b_{nn} \end{pmatrix} = \begin{pmatrix} a_{11} & a_{12} & \cdots & a_{1n} \\ \vdots & \vdots & & \vdots \\ \alpha a_{k1} & \alpha a_{k2} & \cdots & \alpha a_{kn} \\ \vdots & \vdots & & \vdots \\ a_{n1} & a_{n2} & \cdots & a_{nn} \end{pmatrix}$$

이다. 따라서 $b_{ij} = a_{ij}$ $(i \neq k)$, $b_{kj} = \alpha a_{kj}$ 이므로

$$\begin{aligned} |B| &= \sum_{\sigma \in S_n} \operatorname{sgn}(\sigma)\, b_{1\sigma(1)}\, b_{2\sigma(2)} \cdots b_{k\sigma(k)} \cdots b_{n\sigma(n)} \\ &= \sum_{\sigma \in S_n} \operatorname{sgn}(\sigma)\, a_{1\sigma(1)}\, a_{2\sigma(2)} \cdots (\alpha a_{k\sigma(k)}), \cdots a_{n\sigma(n)} \\ &= \alpha \sum_{\sigma \in S_n} \operatorname{sgn}(\sigma)\, a_{1\sigma(1)}\, a_{2\sigma(2)} \cdots a_{k\sigma(k)} \cdots a_{n\sigma(n)} \\ &= \alpha |A| \end{aligned}$$

이다.

(2)와 (3)은 각자 해보기로 하자.

## 해답 연습문제 3 해답

**1.** (1) $x = -\frac{1}{3},\ y = -\frac{2}{3}$

(2) $x = y = 1$

**2.** (1) $x = 1,\ y = 2,\ z = -2$

(2) $x = 2,\ y = -2,\ z = 1$

(3) $x = -\frac{1}{2}, y = \frac{3}{2}, z = -\frac{1}{2}$

(4) $x = 0,\ y = 1,\ z = 1$

**3.** (1) $x = 1,\ y = 1,\ z = 1$ (2) $x = 1,\ y = 3,\ z = -1$

(3) $x = -2,\ y = 0,\ z = 2$ (4) $x = 1,\ y = -1,\ z = 16$

**4.** (1) $x = 1,\ y = 2,\ z = -2$ (2) $x = 2,\ y = -2,\ z = 1$

(3) $x = 3y + 2,\ z = 0$ (4) $x = 2y + 1,\ z = 1,\ w = 2$

**5.** (1) $A^{-1} = \begin{pmatrix} 1 & -1 & -1 \\ 0 & 1 & -1 \\ 0 & 0 & 1 \end{pmatrix}$ (2) $B^{-1} = \begin{pmatrix} -40 & 16 & 9 \\ 13 & -5 & -3 \\ 5 & -2 & -1 \end{pmatrix}$

(3) $C^{-1} = \begin{pmatrix} 2 & 0 & -1 \\ -1 & 2 & -1 \\ 0 & -1 & 1 \end{pmatrix}$ (4) $D^{-1} = \begin{pmatrix} \cos x & \sin x & 0 \\ -\sin x & \cos x & 0 \\ 0 & 0 & 1 \end{pmatrix}$

**6.** (1) 1 (2) 2 (3) 2 (4) 3

**7.** $A$의 역행렬 $A^{-1}$을 선형시스템 $AX=B$의 양변에 곱하면 $X=A^{-1}B$. 그런데 $A^{-1}=\frac{1}{|A|}\mathrm{adj}A$이므로

$$\begin{aligned} X &= \left(\frac{1}{|A|}\mathrm{adj}A\right)B \\ &= \frac{1}{|A|}\begin{pmatrix} A_{11} & A_{21} & \cdots & A_{n1} \\ A_{12} & A_{22} & \cdots & A_{n2} \\ \vdots & \vdots & & \vdots \\ A_{1n} & A_{2n} & \cdots & A_{nn} \end{pmatrix}\begin{pmatrix} b_1 \\ b_2 \\ \vdots \\ b_n \end{pmatrix} = \frac{1}{|A|}\begin{pmatrix} \sum_{k=1}^{n} b_k A_{k1} \\ \sum_{k=1}^{n} b_k A_{k2} \\ \vdots \\ \sum_{k=1}^{n} b_k A_{kn} \end{pmatrix}. \end{aligned}$$

그러므로

$$x_j = \frac{1}{|A|}\sum_{k=1}^{n} b_k A_{kj}.$$

그런데 아래 행렬식을 $j$열에 대해 여인수로 전개하면,

$$\begin{vmatrix} a_{11} & \cdots & a_{1j-1} & b_1 & a_{1j+1} & \cdots & a_{1n} \\ a_{21} & \cdots & a_{2j-1} & b_2 & a_{2j+1} & \cdots & a_{2n} \\ \vdots & & \vdots & \vdots & & & \vdots \\ a_{n1} & \cdots & a_{nj-1} & b_n & a_{nj+1} & \cdots & a_{nn} \end{vmatrix} = \sum_{k=1}^{n} b_k A_{kj}$$

가 된다. 따라서 $\sum_{k=1}^{n} b_k A_{kj}$는 행렬식 $|A|$의 제 $j$열의 성분 $a_{1j}, a_{2j}, \cdots, a_{nj}$를 각각 $b_1, b_2, \cdots, b_n$으로 바꾸어 넣었을 때 행렬식의 값이다. 결국

$$x_j = \frac{1}{|A|}\begin{vmatrix} a_{11} & \cdots & a_{1j-1} & b_1 & a_{1j+1} & \cdots & a_{1n} \\ a_{21} & \cdots & a_{2j-1} & b_2 & a_{2j+1} & \cdots & a_{2n} \\ \vdots & & \vdots & \vdots & & & \vdots \\ a_{n1} & \cdots & a_{nj-1} & b_n & a_{nj+1} & \cdots & a_{nn} \end{vmatrix}.$$

## 해답 연습문제 4 해답

**1.** (1) (0, 2, 4) (2) (5, 4, 3) (3) (10, 6, 2) (4) (1, −2, −5)

**2.** $a=-4,\ b=6,\ c=5$

**3.** (1) $\sqrt{73}$ (2) $\sqrt{14}+3\sqrt{7}$ (3) $4\sqrt{14}$
(4) $\sqrt{1801}$ (5) $\left(\frac{2}{\sqrt{6}},\ 0,\ \frac{1}{\sqrt{6}},\ \frac{1}{\sqrt{6}}\right)$ (6) 1

**4.** (1) $(x,\ y,\ z)=x\mathbf{e}_1+y\mathbf{e}_2+z\mathbf{e}_3$
(2) $x=y=z=0$
(3) $\mathbf{u}+\mathbf{v}=(u_1+v_1)\mathbf{e}_1+(u_2+v_2)\mathbf{e}_2+(u_3+v_3)\mathbf{e}_3$,
$\alpha\mathbf{u}=\alpha u_1\mathbf{e}_1+\alpha u_2\mathbf{e}_2+\alpha u_3\mathbf{e}_3$

**5.** 생략

**6.** (1) 10 (2) −9 (3) −6 (4) −5

**7.** $\left(\frac{2}{\sqrt{5}},\ \frac{1}{\sqrt{5}}\right),\ \left(-\frac{2}{\sqrt{5}},\ -\frac{1}{\sqrt{5}}\right)$

**8.** $(1,\ -2,\ 4)\cdot(x,\ y,\ z)=1x-2y+4z=0$,
$\|(x,\ y,\ z)\|=\sqrt{x^2+y^2+z^2}=1$ 이 되는 벡터 $(x,\ y,\ z)$ 를 구하면 되는데 이런 벡터는 무수히 많다.

**9.** 생략

**10.** (1) $(-2,0,2)$ (2) $(0,1,1)$ (3) $(-2,3,-1)$
(4) $(0,-2,-2)$ (5) $(0,-1,-1)$ (6) $-2$

**11.** $(1,4,-3)=\mathbf{e}_1+4\mathbf{e}_2-3\mathbf{e}_3$

**12.** $(0,1,1)$

## 해답 연습문제 5 해답

**1.** 생략

**2.** (1) 벡터공간 $M_{2\times 2}$ 의 부분집합이고 합과 스칼라곱에 대해 닫혀있으므로 부분공간이다.

(2) 다음 두 행렬을 생각하면

$$\begin{pmatrix} 1 & 1 \\ 1 & 1 \end{pmatrix} + \begin{pmatrix} 2 & 1 \\ 1 & 2 \end{pmatrix} = \begin{pmatrix} 3 & 2 \\ 2 & 3 \end{pmatrix}$$

으로서 주어진 형태가 아니므로 합에 대해 닫혀있지 않다. 따라서 부분공간이 아니다.

**3.** (1)과 (3)만이 합과 스칼라곱에 대해 닫혀있으므로 부분공간이다.

**4.** (1) 합과 스칼라곱에 대해 닫혀있으므로 부분공간이다.

(2) 부분공간이 아니다. 왜냐하면 $\begin{vmatrix} 2 & 2 \\ 1 & 1 \end{vmatrix} + \begin{vmatrix} 2 & 1 \\ 2 & 1 \end{vmatrix} = \begin{vmatrix} 4 & 3 \\ 3 & 2 \end{vmatrix} \neq 0$ 이므로 합에 대해 닫혀있지 않다.

(3) $|2A| = 2^n|A| = 2^n \cdot 1 = 2^n \neq 1$ 이므로 스칼라곱에 대해 닫혀있지 않다.

(4) $(2A)^2 = 4A^2 = 4A \neq 2A$ 이므로 스칼라곱에 대해 닫혀있지 않다.

**5.** (1) 해집합은 $\{(x_1,\ 0,\ x_3) \mid x_1 = x_3\}$ 이고, 합과 곱에 대해 닫혀있으므로 부분공간이다.

(2) 해집합은 $\{(0,\ 0,\ 0)\}$ 이고, 자명한 부분공간이다.

**6.** (1), (3) 힌트: 주어진 집합의 원소들이 덧셈과 스칼라곱에 대해 닫혀있음을 보이면 된다.

(2) $V = \mathbf{R}^2$, $U = \{(x, y) \mid x = 0\}$, $W = \{(x, y) \mid y = 0\}$라 하면 $(0,1), (1,0) \in U \cup W$이지만 $(0,1) + (1,0) = (1,1) \notin U \cup W$이므로 부분공간이 아니다.

**7.** (1), (2)는 일차독립이다. (3) $\alpha = 1$, $\beta = -1$, $\gamma = 1$ 인 해가 존재하므로 일차종속이다. (4) $\alpha = -\frac{1}{2}$, $\beta = -\frac{1}{2}$, $\gamma = 1$ 으로서 0 이 아닌 해가 존재하므로 일차종속이다.

**8.** 힌트: $\{\mathbf{v}_1, \mathbf{v}_2, \mathbf{v}_3\}$가 기저라는 사실을 이용하여 주어진 집합이 일차독립이고, 생성원 집합임을 보이면 된다.

**9.** 일차종속이다. 예를 들어, $\mathbf{v}_1 = \mathbf{0}$ 이면 $2 \cdot \mathbf{v}_1 + 0 \cdot \mathbf{v}_2 + \cdots + 0 \cdot \mathbf{v}_n = \mathbf{0}$ 으로서 일차종속이 된다.

**10.** 일차독립이고, 행렬공간 $M_{2\times 2}$ 를 생성함을 보이면 된다.

**11.** (1) $\dim(\{(x_1, 0, x_3) \mid x_1 = x_3\}) = 1$ (2) $\dim(\{(0, 0, 0)\}) = 0$

**12.** (1) $(1, -1, 1) = 2 \cdot (1, 0, 0) + (-2) \cdot (1, 1, 0) + 1 \cdot (1, 1, 1)$ 이므로, 주어진 기저에 관한 $(1, -1, 1)$ 의 좌표는 $(2, -2, 1)$ 이다.

(2) $(1, -1, 1) = 1 \cdot (1, 1, 0) + 1 \cdot (0, 0, 1) + (-2) \cdot (0, 1, 0)$ 이므로, 주어진 기저에 관한 $(1, -1, 1)$ 의 좌표는 $(1, 1, -2)$ 이다.

## 해답 연습문제 6 해답

**1.** (1), (3), (4)는 선형변환이다. (2) $T(2(x,\ y)) = T(2x,\ 2y) = (2x,\ 1) \neq (2x,\ 2) = 2(x,\ 1) = 2T(x,\ y)$ 이므로 선형변환이 아니다.

**2.** $T(x,\ y,\ z) = (3x - y,\ x - y + z,\ -x + 2y - z)$

**3.** $T(x,\ y) = (x,\ x + y,\ y)$

**4.** 선형변환이 되려면 임의의 $\alpha \in \mathbf{R}$ 에 대해 $T(\alpha\mathbf{v}) = \mathbf{u} + \alpha\mathbf{v}$ 와 $\alpha T(\mathbf{v}) = \alpha(\mathbf{u} + \mathbf{v}) = \alpha\mathbf{u} + \alpha\mathbf{v}$ 가 같아야 하므로, $\mathbf{u} + \alpha\mathbf{v} = \alpha\mathbf{u} + \alpha\mathbf{v}$ 이다. 즉, $\mathbf{u} = \alpha\mathbf{u}$ 이다. 그런데 $\alpha \in \mathbf{R}$ 가 임의의 값을 가지므로 특히 0 에 대해서도 성립한다. 따라서 $\mathbf{u} = \alpha\mathbf{u} = 0 \cdot \mathbf{u} = \mathbf{0}$ 이다.

**5.** (1) $T(x,\ y) = (2x + y,\ y)$
(2) $T(x,\ y,\ z) = (x + z,\ x - y - z)$
(3) $T(x,\ y,\ z,\ w) = (-x - z + 4w,\ y - z,\ 2x + y + w)$
(4) $T(x,\ y,\ z) = (2x + y + 3z,\ y,\ x - y,\ y + z)$

**6.** (1) $\begin{pmatrix} 1 & 1 \\ 2 & 0 \end{pmatrix}$ (2) $\begin{pmatrix} 2 & 3 & -4 \\ -2 & 5 & 4 \end{pmatrix}$

(3) $\begin{pmatrix} 1 & 1 & 0 \\ 0 & 3 & 0 \\ 0 & 0 & 2 \end{pmatrix}$ (4) $\begin{pmatrix} 3 \\ 4 \end{pmatrix}$

**7.** $\begin{pmatrix} \frac{1}{2} & \frac{1}{2} & \frac{1}{2} \\ \frac{1}{2} & -\frac{1}{2} & 0 \\ 0 & 0 & -\frac{1}{2} \end{pmatrix}$

**8.** $\begin{pmatrix} 1 & 0 \\ 0 & -1 \end{pmatrix}$

**9.** $\begin{pmatrix} 0 & 1 \\ 1 & 0 \end{pmatrix}$

**10.** (1) $\begin{pmatrix} 1 & 1 & 0 \\ 0 & 1 & 1 \\ 1 & 0 & 1 \end{pmatrix}$ (2) 기저

**11.** $\begin{pmatrix} \alpha & 0 & 0 \\ 0 & \alpha & 0 \\ 0 & 0 & \alpha \end{pmatrix}$

**12.** (1) $\begin{pmatrix} \frac{\sqrt{3}}{2} & -\frac{1}{2} \\ \frac{1}{2} & \frac{\sqrt{3}}{2} \end{pmatrix}$ (2) $\begin{pmatrix} -1 & 0 \\ 0 & -1 \end{pmatrix}$

**13.** (1) $\begin{pmatrix} 1 & 0 & 0 & 0 \\ 0 & 0 & 1 & 0 \\ 0 & 0 & 0 & 1 \end{pmatrix}$ (2) $\begin{pmatrix} 0 & 0 & 1 \\ 1 & 1 & 0 \end{pmatrix}$

(3) $\begin{pmatrix} 0 & 0 & 0 & 1 \\ 1 & 0 & 1 & 0 \end{pmatrix}$ (4) 같다

**14.** (1) $\begin{pmatrix} 1 & 0 & 0 \\ 0 & 1 & 0 \\ 0 & 0 & 0 \end{pmatrix}$ (2) $\begin{pmatrix} 0 & 0 & 1 \\ 0 & 1 & 0 \\ 1 & 0 & 0 \end{pmatrix}$

(3) $\begin{pmatrix} 0 & 0 & 1 \\ 1 & 0 & 0 \\ 0 & 1 & 0 \end{pmatrix}$ (4) $\begin{pmatrix} 0 & -1 & 0 \\ 1 & 0 & 0 \\ 0 & 0 & 1 \end{pmatrix}$

(5) $\begin{pmatrix} 1 & 0 & 0 \\ 0 & \frac{1}{\sqrt{2}} & -\frac{1}{\sqrt{2}} \\ 0 & \frac{1}{\sqrt{2}} & \frac{1}{\sqrt{2}} \end{pmatrix}$ (6) $\begin{pmatrix} \cos\theta & 0 & -\sin\theta \\ 0 & 1 & 0 \\ \sin\theta & 0 & \cos\theta \end{pmatrix}$

**15.** (1) $x$ 축으로 정사영 (2) $y$ 축으로 대칭변환

(3) 원점에 대한 점대칭변환

(4) $y = x$ 직선으로 선대칭을 한 후, 다시 $y$축으로 대칭변환
(또는, $x$ 축으로 대칭변환 후, 다시 $y = x$ 직선으로 선대칭변환)

## 해답 연습문제 7 해답

**1.** (1) $\lambda = 1-\sqrt{2},\ 1+\sqrt{2},\ \langle(-1/\sqrt{2},\ 1)^{\mathsf{T}}\rangle,\ \langle(1/\sqrt{2},\ 1)^{\mathsf{T}}\rangle$

(2) $\lambda = 0,\ 1,\ \langle(1,\ -1)^{\mathsf{T}}\rangle,\ \langle(1,\ -2)^{\mathsf{T}}\rangle$

(3) $\lambda = -1,\ 5,\ \langle(1,\ -2)^{\mathsf{T}}\rangle,\ \langle(1,\ 1)^{\mathsf{T}}\rangle$

(4) $\lambda = -2,\ 3,\ \langle(1,\ -4)^{\mathsf{T}}\rangle,\ \langle(1,\ 1)^{\mathsf{T}}\rangle$

**2.** (1) $\lambda = 2,\ \pm 3,\ \langle(1,\ 1,\ 0)^{\mathsf{T}}\rangle,\ \langle(1,\ 0,\ 1)^{\mathsf{T}}\rangle,\ \langle(-3,\ 2,\ 5)^{\mathsf{T}}\rangle$

(2) $\lambda = -1,\ 3,\ 4,\ \langle(0,\ 1,\ 0)^{\mathsf{T}}\rangle,\ \langle(1,\ -2,\ 1)^{\mathsf{T}}\rangle,\ \langle(10,\ -8,\ 5)^{\mathsf{T}}\rangle$

(3) $\lambda = 1,\ 3,\ \langle(0,\ 0,\ 1)^{\mathsf{T}}\rangle,\ \langle(1,\ 1,\ 0)^{\mathsf{T}}\rangle,\ \langle(-1,\ 1,\ 0)^{\mathsf{T}}\rangle$

(4) $\lambda = -1,\ 0,\ 5,\ \langle(-1,\ 1,\ 0)^{\mathsf{T}}\rangle,\ \langle(-1,\ 0,\ 1)^{\mathsf{T}}\rangle,\ \langle(4,\ 5,\ 6)^{\mathsf{T}}\rangle$

**3.** (1) $\lambda = 0,\ 5,\ \langle(-2,\ 1)^{\mathsf{T}}\rangle,\ \langle(1,\ -2)^{\mathsf{T}}\rangle$ 에서 직교함을 알 수 있다.

(2) $\lambda = 2,\ 2-\sqrt{2},\ 2+\sqrt{2},\ \langle(0,\ 1,\ 1)^{\mathsf{T}}\rangle,\ \langle(-\sqrt{2},\ -1,\ 1)^{\mathsf{T}}\rangle,\ \langle(\sqrt{2},\ -1,\ 1)^{\mathsf{T}}\rangle$ 에서 직교함을 알 수 있다.

**4.** (1) $f(\lambda) = \lambda^2 - \lambda - 6$,

$$f(A) = A^2 - A - 6I = \begin{pmatrix} 2 & 1 \\ 4 & -1 \end{pmatrix}^2 - \begin{pmatrix} 2 & 1 \\ 4 & -1 \end{pmatrix} - 6\begin{pmatrix} 1 & 0 \\ 0 & 1 \end{pmatrix} = O\,.$$

(2) $f(\lambda) = (\lambda-2)^2(1-\lambda)$,

$f(A) = (A-2I)^2(I-A) = O$ 을 쉽게 보일 수 있다.

**5.** 고유값은 $a_{11},\ a_{22},\ \ldots,\ a_{nn}$ 이고, 고유공간은 $\langle \mathbf{e}_1\rangle,\ \langle \mathbf{e}_2\rangle,\ \ldots,\ \langle \mathbf{e}_n\rangle$ 등이다.

**6.** (1) $\lambda = -1,\ 1,\ \langle(1,\ 1)^{\mathsf{T}}\rangle,\ \langle(1,\ -1)^{\mathsf{T}}\rangle$

(2) $\lambda = 2,\ 3,\ \langle(1,\ 0)^{\mathsf{T}}\rangle,\ \langle(0,\ 1)^{\mathsf{T}}\rangle$

(3) $\lambda = 0,\ 1,\ 3,\ \langle(-2,\ 1,\ 0)^{\mathsf{T}}\rangle,\ \langle(0,\ 0,\ 1)^{\mathsf{T}}\rangle,\ \langle(1,\ 1,\ 0)^{\mathsf{T}}\rangle$

(4) $\lambda = 1,\ 2,\ 4,\ \langle(1,\ 0,\ 0)^{\mathsf{T}}\rangle,\ \langle(0,\ 1,\ -1)^{\mathsf{T}}\rangle,\ \langle(0,\ 0,\ 1)^{\mathsf{T}}\rangle$

**7.** (1) $\begin{pmatrix} 1 & 0 & 0 \\ 0 & -2 & 0 \\ -2 & 0 & 4 \end{pmatrix}$ (2) $\begin{pmatrix} -2 & 0 & 0 \\ 0 & 1 & 0 \\ 0 & 0 & 4 \end{pmatrix}$

(3) $P_A(\lambda) = (-2-\lambda)(1-\lambda)(4-\lambda)$ 로서 같다.

(4) $\lambda = -2,\ 1,\ 4,\ \langle(0,\ 1,\ 0)^{\mathsf{T}}\rangle,\ \langle(3,\ 0,\ 2)^{\mathsf{T}}\rangle,\ \langle(0,\ 0,\ 1)^{\mathsf{T}}\rangle$

**8.** (1) $\begin{pmatrix} -1 & 0 \\ 0 & 5 \end{pmatrix}$ (2) $\begin{pmatrix} -2 & 0 \\ 0 & 3 \end{pmatrix}$

(3) $\begin{pmatrix} -3 & 0 & 0 \\ 0 & 2 & 0 \\ 0 & 0 & 3 \end{pmatrix}$ (4) $\begin{pmatrix} -1 & 0 & 0 \\ 0 & 3 & 0 \\ 0 & 0 & 4 \end{pmatrix}$

# 삼각함수 공식

## 1. 그리스 문자

| | | | | | | | |
|---|---|---|---|---|---|---|---|
| $A, \alpha$ | alpha | $B, \beta$ | beta | $\Gamma, \gamma$ | gamma | $\Delta, \delta$ | delta |
| $E, \epsilon$ | epsilon | $Z, \zeta$ | zeta | $H, \eta$ | eta | $\Theta, \theta$ | theta |
| $I, \iota$ | iota | $K, \kappa$ | kappa | $\Lambda, \lambda$ | lambda | $M, \mu$ | mu |
| $N, \nu$ | nu | $\Xi, \xi$ | xi | $O, o$ | omicron | $\Pi, \pi$ | pi |
| $P, \rho$ | rho | $\Sigma, \sigma$ | sigma | $T, \tau$ | tau | $\Upsilon, \upsilon$ | upsilon |
| $\Phi, \phi$ | phi | $X, \chi$ | chi | $\Psi, \psi$ | psi | $\Omega, \omega$ | omega |

## 2. 삼각함수

(1) 호도와 도수

$360° = 2\pi$ 라디안 $= 1$회전, $\qquad 1$라디안 $= \dfrac{180°}{\pi} \approx 57.2957°$

$1° = \dfrac{\pi}{180}$라디안 $\approx 0.0174532$라디안

(2) 특수각의 삼각함수 값

| 도수 | sin | cos | tan | cot | sec | csc | 라디안 |
|---|---|---|---|---|---|---|---|
| $0°$ | $0$ | $1$ | $0$ | $\infty$ | $1$ | $\infty$ | $0$ |
| $30°$ | $\frac{1}{2}$ | $\frac{1}{2}\sqrt{3}$ | $\frac{1}{3}\sqrt{3}$ | $\sqrt{3}$ | $\frac{2}{3}\sqrt{3}$ | $2$ | $\frac{\pi}{6}$ |
| $45°$ | $\frac{1}{2}\sqrt{2}$ | $\frac{1}{2}\sqrt{2}$ | $1$ | $1$ | $\sqrt{2}$ | $\sqrt{2}$ | $\frac{\pi}{4}$ |
| $60°$ | $\frac{1}{2}\sqrt{3}$ | $\frac{1}{2}$ | $\sqrt{3}$ | $\frac{1}{3}\sqrt{3}$ | $2$ | $\frac{2}{3}\sqrt{3}$ | $\frac{\pi}{3}$ |
| $90°$ | $1$ | $0$ | $\infty$ | $0$ | $\infty$ | $1$ | $\frac{\pi}{2}$ |
| $180°$ | $0$ | $-1$ | $0$ | $\infty$ | $-1$ | $\infty$ | $\pi$ |
| $270°$ | $-1$ | $0$ | $\infty$ | $0$ | $\infty$ | $-1$ | $\frac{3\pi}{2}$ |
| $360°$ | $0$ | $1$ | $0$ | $\infty$ | $1$ | $\infty$ | $2\pi$ |

(3) 기본항등식

$$\csc x = \frac{1}{\sin x}, \quad \sec x = \frac{1}{\cos x}, \quad \cot x = \frac{1}{\tan x},$$

$$\tan x = \frac{\sin x}{\cos x}, \quad \cot x = \frac{\cos x}{\sin x},$$

$$\sin^2 x + \cos^2 x = 1, \quad 1 + \tan^2 x = \sec^2 x, \quad 1 + \cot^2 x = \csc^2 x.$$

(4) 삼각함수의 변환관계

| 각 | sin | cos | tan | cot | sec | csc |
|---|---|---|---|---|---|---|
| $-x$ | $-\sin x$ | $\cos x$ | $-\tan x$ | $-\cot x$ | $\sec x$ | $-\csc x$ |
| $90° - x$ | $\cos x$ | $\sin x$ | $\cot x$ | $\tan x$ | $\csc x$ | $\sec x$ |
| $90° + x$ | $\cos x$ | $-\sin x$ | $-\cot x$ | $-\tan x$ | $-\csc x$ | $\sec x$ |
| $180° - x$ | $\sin x$ | $-\cos x$ | $-\tan x$ | $-\cot x$ | $-\sec x$ | $\csc x$ |
| $180° + x$ | $-\sin x$ | $-\cos x$ | $\tan x$ | $\cot x$ | $-\sec x$ | $-\csc x$ |
| $270° - x$ | $-\cos x$ | $-\sin x$ | $\cot x$ | $\tan x$ | $-\csc x$ | $-\sec x$ |
| $270° + x$ | $-\cos x$ | $\sin x$ | $-\cot x$ | $-\tan x$ | $\csc x$ | $-\sec x$ |
| $360° - x$ | $-\sin x$ | $\cos x$ | $-\tan x$ | $-\cot x$ | $\sec x$ | $-\csc x$ |

(5) 두 각의 합과 차에 관한 공식

$$\sin(x \pm y) = \sin x \cos y \pm \cos x \sin y$$

$$\cos(x \pm y) = \cos x \cos y \mp \sin x \sin y$$

$$\tan(x \pm y) = \frac{\tan x \pm \tan y}{1 \mp \tan x \tan y}$$

(6) 반각의 공식

$$\sin \frac{x}{2} = \pm\sqrt{\frac{1 - \cos x}{2}}$$

$$\cos \frac{x}{2} = \pm\sqrt{\frac{1 + \cos x}{2}}$$

$$\tan\frac{x}{2} = \pm\sqrt{\frac{1-\cos x}{1+\cos x}} = \frac{1-\cos x}{\sin x} = \frac{\sin x}{1+\cos x}$$

(7) 임의의 삼각형에 관한 공식

변의 길이를 $a, b, c$, 그 대각을 $A, B, C$,

외접원의 반경을 $R$, 내접원의 반경을 $r$,

$s = \frac{1}{2}(a+b+c)$라 할 때

사인법칙:

$$\frac{a}{\sin A} = \frac{b}{\sin B} = \frac{c}{\sin C} = 2R$$

코사인법칙: $a = b\cos C + c\cos B$

$$a^2 = b^2 + c^2 - 2bc\ \cos A$$

내접원의 반경: $r = \sqrt{\frac{(s-a)(s-b)(s-c)}{s}}$

삼각형의 넓이: $\frac{1}{2}ab\sin C = \sqrt{s(s-a)(s-b)(s-c)}$

## 3. 삼각함수표

| ° | Radian | sin | cos | tan | cot | | |
|---|---|---|---|---|---|---|---|
| 0 | 0. | 0. | 1. | 0. | $\infty$ | 1.5708 | 90 |
| 1 | 0.0174533 | 0.0174524 | 0.999848 | 0.0174551 | 57.29 | 1.55334 | 89 |
| 2 | 0.0349066 | 0.0348995 | 0.999391 | 0.0349208 | 28.6363 | 1.53589 | 88 |
| 3 | 0.0523599 | 0.052336 | 0.99863 | 0.0524078 | 19.0811 | 1.51844 | 87 |
| 4 | 0.0698132 | 0.0697565 | 0.997564 | 0.0699268 | 14.3007 | 1.50098 | 86 |
| 5 | 0.0872665 | 0.0871557 | 0.996195 | 0.0874887 | 11.4301 | 1.48353 | 85 |
| 6 | 0.10472 | 0.104528 | 0.994522 | 0.105104 | 9.51436 | 1.46608 | 84 |
| 7 | 0.122173 | 0.121869 | 0.992546 | 0.122785 | 8.14435 | 1.44862 | 83 |
| 8 | 0.139626 | 0.139173 | 0.990268 | 0.140541 | 7.11537 | 1.43117 | 82 |
| 9 | 0.15708 | 0.156434 | 0.987688 | 0.158384 | 6.31375 | 1.41372 | 81 |
| 10 | 0.174533 | 0.173648 | 0.984808 | 0.176327 | 5.67128 | 1.39626 | 80 |
| 11 | 0.191986 | 0.190809 | 0.981627 | 0.19438 | 5.14455 | 1.37881 | 79 |
| 12 | 0.20944 | 0.207912 | 0.978148 | 0.212557 | 4.70463 | 1.36136 | 78 |
| 13 | 0.226893 | 0.224951 | 0.97437 | 0.230868 | 4.33148 | 1.3439 | 77 |
| 14 | 0.244346 | 0.241922 | 0.970296 | 0.249328 | 4.01078 | 1.32645 | 76 |
| 15 | 0.261799 | 0.258819 | 0.965926 | 0.267949 | 3.73205 | 1.309 | 75 |
| 16 | 0.279253 | 0.275637 | 0.961262 | 0.286745 | 3.48741 | 1.29154 | 74 |
| 17 | 0.296706 | 0.292372 | 0.956305 | 0.305731 | 3.27085 | 1.27409 | 73 |
| 18 | 0.314159 | 0.309017 | 0.951057 | 0.32492 | 3.07768 | 1.25664 | 72 |
| 19 | 0.331613 | 0.325568 | 0.945519 | 0.344328 | 2.90421 | 1.23918 | 71 |
| 20 | 0.349066 | 0.34202 | 0.939693 | 0.36397 | 2.74748 | 1.22173 | 70 |
| 21 | 0.366519 | 0.358368 | 0.93358 | 0.383864 | 2.60509 | 1.20428 | 69 |
| 22 | 0.383972 | 0.374607 | 0.927184 | 0.404026 | 2.47509 | 1.18682 | 68 |
| 23 | 0.401426 | 0.390731 | 0.920505 | 0.424475 | 2.35585 | 1.16937 | 67 |
| 24 | 0.418879 | 0.406737 | 0.913545 | 0.445229 | 2.24604 | 1.15192 | 66 |
| 25 | 0.436332 | 0.422618 | 0.906308 | 0.466308 | 2.14451 | 1.13446 | 65 |
| 26 | 0.453786 | 0.438371 | 0.898794 | 0.487733 | 2.0503 | 1.11701 | 64 |
| 27 | 0.471239 | 0.45399 | 0.891007 | 0.509525 | 1.96261 | 1.09956 | 63 |
| 28 | 0.488692 | 0.469472 | 0.882948 | 0.531709 | 1.88073 | 1.0821 | 62 |
| 29 | 0.506145 | 0.48481 | 0.87462 | 0.554309 | 1.80405 | 1.06465 | 61 |
| 30 | 0.523599 | 0.5 | 0.866025 | 0.57735 | 1.73205 | 1.0472 | 60 |
| 31 | 0.541052 | 0.515038 | 0.857167 | 0.600861 | 1.66428 | 1.02974 | 59 |
| 32 | 0.558505 | 0.529919 | 0.848048 | 0.624869 | 1.60033 | 1.01229 | 58 |
| 33 | 0.575959 | 0.544639 | 0.838671 | 0.649408 | 1.53986 | 0.994838 | 57 |
| 34 | 0.593412 | 0.559193 | 0.829038 | 0.674509 | 1.48256 | 0.977384 | 56 |
| 35 | 0.610865 | 0.573576 | 0.819152 | 0.700208 | 1.42815 | 0.959931 | 55 |
| 36 | 0.628319 | 0.587785 | 0.809017 | 0.726543 | 1.37638 | 0.942478 | 54 |
| 37 | 0.645772 | 0.601815 | 0.798636 | 0.753554 | 1.32704 | 0.925025 | 53 |
| 38 | 0.663225 | 0.615661 | 0.788011 | 0.781286 | 1.27994 | 0.907571 | 52 |
| 39 | 0.680678 | 0.62932 | 0.777146 | 0.809784 | 1.2349 | 0.890118 | 51 |
| 40 | 0.698132 | 0.642788 | 0.766044 | 0.8391 | 1.19175 | 0.872665 | 50 |
| 41 | 0.715585 | 0.656059 | 0.75471 | 0.869287 | 1.15037 | 0.855211 | 49 |
| 42 | 0.733038 | 0.669131 | 0.743145 | 0.900404 | 1.11061 | 0.837758 | 48 |
| 43 | 0.750492 | 0.681998 | 0.731354 | 0.932515 | 1.07237 | 0.820305 | 47 |
| 44 | 0.767945 | 0.694658 | 0.71934 | 0.965689 | 1.03553 | 0.802851 | 46 |
| 45 | 0.785398 | 0.707107 | 0.707107 | 1. | 1. | 0.785398 | 45 |
| | | cos | sin | cot | tan | Radian | ° |

# 참고 문헌


[1] 미국수학회 지음, 대한수학회 옮김, 수학이 빛나는 순간, 대한수학회, 서울, 2014.

[2] 와쿠이 요시유키 외 지음, 박광수 옮김, 처음 배우는 딥러닝 수학, 한빛미디어, 서울, 2018.

[3] 이건명, 인공지능, 생능출판사, 서울, 2018.

[4] 이석종, 벡터와 행렬의 기초, 교우사, 서울, 2004.

[5] 이석종, 집합과 논리, 제3판, 교우사, 서울, 2019.

[6] Alasdair McAndrew 외 지음, 전명근 외 옮김, 매트랩을 이용한 디지털 영상처리의 기초, 한티미디어, 서울, 2013.

[7] Clive L. Dym, *Principles of Mathematical Modeling*, 2nd Edition, Elsevier Academic Press, Amsterdam, 2004.

[8] David C. Lay et al., *Linear Algebra and its Applications,* 5th Edition, Pearson, 2016.

[9] Ronald I. Rothenberg, *Linear Algebra with Computer Applications,* John Wiley & Sons, New York, 1983.

[10] Thomas Shores, *Applied Linear Algebra and Matrix Analysis,* Springer, New York, 2007.

[11] Gilbert Strang, *Linear Algebra and its Applications,* 4th Edition, Brooks & Cole, Belmont, 2006.

[12] Gilbert Strang, *Introduction to Linear Algebra,* 5th Edition, Wellesley Cambridge Press, Wellesley, 2016.

[13] Matthew A. Turk and Alex P. Pentland, "Face Recognition Using Eigenfaces", *Proc. IEEE Conference on Computer Vision and Pattern Recognition,* pp. 586–591, 1991.

[14] Matthew Turk and Alex Pentland, "Eigenfaces for Recognition", *Journal of Cognitive Neuroscience,* vol. 3, no. 1, pp. 71-86, 1991.

# 찾아보기

## 저자약력—

### 이 석 종

- 현 충북대학교 수학과 교수
- 한국지능시스템학회 회장 역임
- 대한수학회 부회장 역임
- 충청수학회 회장 역임
- 1990 연세대학교 수학과 이학박사
- 1994 Purdue University 교환교수
- 1995-1996 Carleton University Post-Doc
- 2003-2004 Wayne State University 교환교수
- 2009 National Taiwan University 방문교수
- FUZZ-IEEE 2009 Organizing Committee Chair

이공계 학생을 위한 **벡터와 행렬**

**초판2쇄발행** 2022년 10월 20일

**지은이** 이석종
**펴낸이** 오판근
**펴낸곳** (주) 교우
**주 소** 서울시 동대문구 약령시로 8 교우빌딩 2층 (주)교우
**전 화** 02-925-2861 / **팩 스** 02-925-2860, **편집부** 02-925-2825
**홈페이지&북스토어 www.kyowoo.co.kr / 이메일 kyowoo@kyowoo.co.kr**

**등 록** 1994년 3월 24일 제1994-000013호
**ISBN** 979-11-251-0312-7 (93410)

Published by Kyowoo Co., Ltd. Printed in Korea


**값 20,000원**

**교우미디어는 (주) 교우의 Imprint 사입니다.**
**수학정원·과학정원은 (주) 교우의 새로운 브랜드명입니다.**

잘못된 책은 구입하신 서점에서 교환해 드립니다.